# 跟大明星学理财

李子木◎编著

# WEALTH EXPERIENCES
# FROM BIG STARS

U0391040

山西出版传媒集团
山西人民出版社

**图书在版编目（CIP）数据**

跟大明星学理财/李子木编著. —太原：山西人民出
版社，2013.10
ISBN 978-7-203-08293-4

Ⅰ．①跟… Ⅱ．①李… Ⅲ．①财务管理－通俗读物
Ⅳ．①TS976.15-49

中国版本图书馆CIP数据核字（2013）第190989号

**跟大明星学理财**

编　　著：李子木
责任编辑：冯　昭
装帧设计：柏拉图

出 版 者：山西出版传媒集团·山西人民出版社
地　　址：太原市建设南路21号
邮　　编：030012
发行营销：0351-4922220　　4955996　　4956039
　　　　　0351-4922127　（传真）　4956038（邮购）
E-mail ：sxskcb@163.com　发行部
　　　　　sxskcb@126.com　总编室
网　　址：www.sxskcb.com

经 销 者：山西出版传媒集团·山西人民出版社
承 印 者：三河市航远印刷有限公司

开　　本：710mm×1000mm　1/16
印　　张：14.75
字　　数：200千字
印　　数：1-7000册
版　　次：2013年10月第1版
印　　次：2013年10月第1次印刷
书　　号：ISBN 978-7-203-08293-4
定　　价：29.80元

**如有印装质量问题请与本社联系调换**

# 前　言

说起明星，大家可能立刻会想到他们光鲜的外表，奢华的生活和不菲的身家，言语间充满了羡慕嫉妒恨。但若是在"明星"之后加上"理财"二字，那恐怕很多人可能就要笑了：明星会理财吗？他们只会烧钱吧！

那么，那些经常抛头露面、风光无限的明星们，是否真如我们想象那般，全都开名车，住豪宅，生活上挥金如土？是否真如有些网上新闻、报纸宣扬的那样，明星大把的钱财只会"败"不会理？就算投资也是赚少赔多？

不可否认，在娱乐圈，钱来得快去得也快，不少往日风光无限的明星，的确是因为投资失利或者沉迷于物质享受而最后败光家产。但是，明星的身份首先是普通人，也要过柴米油盐酱醋茶的日子，然后才是明星。所以，明星理财，不足为奇。

况且，这个领域虽然收入丰厚，但竞争也异常激烈，演艺界、娱乐圈有句俗话——"向来只闻新人笑，有谁听到旧人哭"，没有人能够料到何时就面临谢幕，再加上有章小蕙、何如芸、泰森、迈克尔·杰克逊等中外明星的前车之鉴，又有几人能真的置钱财于不"理"？

其实，明星一族非常注重自己的投资理财生涯，尤其是在当今这个"全民投资理财"的时代，演艺圈的理财之风已经愈演愈烈，从炒股票、买基金，到投资房产、商铺，再到开店、搞收藏，各个投资领域几乎都有明星们的身影。而且，这其中的理财高手还不在少数，比如在《钱经》上露脸的一批明星们，数目就已然超过了20人，而他们理财故事的精彩程

度，丝毫不亚于各自在银幕上的精彩演绎。

那么，明星们到底是怎样理财的呢？揭秘明星的理财绝招，展现给读者一个可供学习和借鉴的方法，这正是本书想达到的目的。

本书讲述了娱乐圈众多明星的理财故事，所涉及的人物，从文隽、海岩这样的资深影视人、大编剧，到成龙、周迅这样的实力派演员，再到张信哲、孙燕姿这样的著名歌手……可谓林林总总，人数众多，跨多个领域，比较富有代表性。每个明星践行的理财做法及理财观下面，都有理财师中肯而又富有建设性的点评，最后再附上相关的理财知识小贴士，相信一定能对读者有所裨益，让读者从中找到一个适合自己的理财方式。

# 目 录

# 第一章
# 投资理财观念先行，明星看法各不同

　　财要怎么理？存钱还是投资？投资基金、股票、保险，还是其他？大明星们各有各的心得和想法，比如孙俪以守财为第一，赵文卓则认为有钱就应该投资；秦海璐相信银行，姜培琳则只信专业人士……那么到底谁优谁劣，谁最理性，谁更高明？想来就是理财达人，也难以分出高下。因为这些明星们的理财观虽然大不相同，却是殊途同归，最终都成就了大好"钱"途。所以，如果你对投资理财还是一窍不通，不知从何入手，不妨先听听他们的看法，相信总有一种观点是你能接受的。

# 孙俪，守好财最实在可靠

2002 年，孙俪因为饰演《玉观音》中"安心"一角而迅速走红，收入也随之水涨船高。近几年，随着她在《甜蜜蜜》、《小姨多鹤》、《越光宝盒》、《画壁》、《关云长》、《后宫甄嬛传》等剧中的精彩演出，更是从偶像派晋升为实力派，身价倍增。

然而，无论多么大红大紫，孙俪都始终保持着过去那种勤俭节约的习惯：逛有老上海味道的长乐路和巨鹿路的小店，侃价，买便宜的东西……如今已升级为辣妈的她，曾公开向媒体透露，自己怀孕后就开始发微信向生过孩子的朋友"要衣服穿"，并且儿子的衣服也多为"二手衣"。在她看来，怀孕只有不到一年时间，为了这一年去买衣服，而这衣服穿完就不能再穿了，有些浪费，所以她穿完以后洗洗干净又可以给下一个朋友了。

尽管生活很节俭，但这并不意味着孙俪不会享受生活。孙俪微笑着说："钱不需要太多，只要能让生活舒适就好。会生活的人才是富有的人。"

说起理财，孙俪也有自己的看法："我想理财是一个很专业的名词，需要专业的知识。我作为一个门外汉，没有刻意地要求自己专业理财。但是，我根据自己的情况和未来计划合理安排了我的生活，无论是消费还是投资，都坚持我本色的理财之道。""我理财就跟我人一样，都是属于原色的'返璞归真'型。钱进了我的口袋往往只有一个去处，那就是银行。"

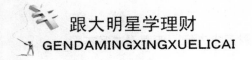

## 孙俪理财观之一：有钱就存银行

娱乐圈很多人成名之后，都喜欢用开店、炒股、炒房等方式来"赚外快"，这倒不足为奇，但赚到钱的往往是少数，很多人最后都不得不以惨败退场，比如香港演员钟镇涛和张卫健，就都是因为炒房失败而负债累累。

也许是看惯了圈内人投资方面的大起大落，孙俪更加明白了守财的重要性，虽然偶尔也做一些小的投资，比如，在朋友的建议下，购买一些基金、保险等产品，但大部分钱都存在银行。孙俪感慨地说："钱赚得够用就行，我并不想成为超级大富翁。我认为把财守好，为自己今后的生活做好准备，是最为实在的理财方式。目前，我大多数是银行存款，消极地赚银行微薄的利息。"

### 理财师点评

孙俪的话道出了投资理财的一个重要定律——控制投资风险，保护本金的安全，是最为关键和实在的。而将钱存进银行，则是风险最低的一种投资。尤其是对于工薪阶层来说，手里攒点钱不容易，按揭买房吧，买卖之间的那点差价不够付各种手续费的；买股票、基金吧，又不稳定；搞收藏吧，门槛又太高，需要你的眼力……所以，大家手中闲散资金最稳妥的去处，就是风险较低的银行储蓄。虽然在所有理财方法中，银行储蓄的收益最低，但却能保证你稳赚不赔。

## 孙俪理财观之二：挣 10 块花 4 块最有保障

明星往往收入不菲，钱来得太快太容易了，往往会让人变得没有节制，进多少出多少，根本没有收支比的概念在里面。有些明星就是这样，虽然风光了几年，最后却是破产，比如拳王泰森。

与某些明星花钱大手大脚，狂刷信用卡消费不同，孙俪从小就知道生活的不易，也在妈妈的教导下学会了勤俭持家，所以有很强的控制收支比的理财意识，她曾对媒体透露："我是一个忧患意识特别强的人，比如说，我赚了 10 块钱，那我一定只花 4 块，留下 6 块，我觉得这样有保证。"

成名之后，孙俪的收入一下子多了起来，按说，她手中有了足够多的钱来进行安排。但是，这时的孙俪还是像以前一样，以 4 比 6 的方式来安排自己的支出和储蓄，从而为自己今后的生活做好规划。

### 理财师点评

所谓"收支比"，是指个人或者家庭各项生活支出的总金额占当月家庭总收入的比例，时间既可以按月算，也可以按周，或季度算。收支比是理财中经常用的重要概念，它就像一个阀门，通过它可以科学地调节我们的财富分配，合理地安排我们的生活。一般来说，收支比越高，当前可用的钱越多，那么当前的生活享受可能更好，但是我们的结余就少了；而收支比低，当前的生活质量可能会被压缩，但是我们能为未来准备更多的财富。

不同的收支比，代表了不同的理财观念。正确的理财观是寻找一个理性科学的收支比，以此来规划家庭的收支。一般来说，具体是赚 10 块花 4 块，还是赚 10 块花 5 块，抑或花 6 块，并没有明确的限定，需要根据个人的情况而定，但是一般在确定适合的收支比时要考虑几种因素：一是家庭

收入的规律性，二是家庭负担，三是未来的保障。当确定了合适的收支比之后，最重要的是，我们要在生活中严格地按照这个收支比来约束和规划我们的家庭财富。只有这样，我们才能真正有结余。

## 孙俪理财观之三：投资本行也是一种守财方式

娱乐圈的不少明星在成名后，都喜欢跻身商海，兼职各行各业，开店、炒房、做收藏……孙俪虽然在北京、上海和丽江都有房产，但她说自己买房并不是为了理财，更多的是为了居住而买。在她看来，自己对投资做生意并不擅长，也没有那么多时间去打理，还不如将自己的老本行——演艺事业当成自己最大的投资。这其实也是一种守财方式，因为只要这一块做好了，就能得到源源不断地回报，而且不用担心贬值。

孙俪给自己拍戏的目标定为 10 年，她希望 10 年以后，演戏不是她的职业，而是一个兴趣。

### 理财师点评

聪明的守财者，在尽量规避风险的同时，也会注意提高自身的业务能力，避免身价贬值。这就好比一本工具书，你必须随着社会的发展，不断地添加新的内容进去，才跟得上读者的需求。否则，你现在值一两黄金（咱以价值相对稳定的黄金为例），几年之后可能就只值八钱了。所以，投资本行，是守住身价的唯一办法。身价守住了，钱也就守住了。

## 存钱巧挣利息法

把钱存银行，看起来是很简单的一件事，但怎么存才能赚得更多的利息，让收益最大化，却是大有学问。现在就给大家介绍几种可以多挣利息的储蓄方法。

### 接力储蓄法

此法适合收入稳定的工薪阶层。如月收入 3000 元，可考虑每月拿出 1000 元存定期 1 年。这样，一年后，每月都有一张存单到期。把到期存款取出，加上当月要存的钱，再存成一年定期存款。如此手中便有 12 笔存款循环，年年、月月循环往复，一旦急需用钱，便将当月到期存款兑现即可。即使此笔存款不够，还可将未到期存款作为质押办理质押贷款，既减少了利息损失，又可解燃眉之急，可谓两全其美。

当然，如果您有更好耐性的话，也可以尝试 24 期存款法（两年期）、36 期存款法（三年期），原理与 12 期存款法是完全相同的。

### 交替储蓄法

此法较适合生活支出有规律有计划的家庭。具体操作方法为：假定你手中有 3 万元现金，你可以把它平均分成 3 份，用 1 万元开设一个一年期的存单，用 1 万元开设一个两年期的存单，用 1 万元开设一个三年期的存单。一年后到期的 1 万元加新存入的钱，改成 3 年期的，两年后到期的 1 万元也改成 3 年期的，这样，两年后您的这 3 笔存款就都变成三年定期存款了，可赚取高利息。

以此类推，如果你把现金分为 5 份，分别存为不同年限的定期，到期

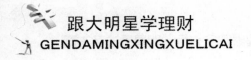

后分别转存五年定期，也可在五年后获得 5 笔五年定期存款，且每年都有 1 笔存款到期。但需要注意的是，目前银行没有四年定期存款，因此需用两次两年定期存款代替。

## 分开储蓄法

此法是指将 1 笔资金分成不同份额的若干份，分别进行定期存款，适用于在一年之内有用钱预期，但不确定何时使用、一次用多少的小额度闲置资金。例如，你有 1 万块现金，你就可以将它分成 4 份，分别为 1000 元、2000 元、3000 元、4000 元。然后将这 4 张存单都存成一年期的定期存款。这样，在一年之内，不管你什么时候需要用钱，都可以取出和所需数额接近的那张存单，这样既能满足用钱需求，也能最大限度得到利息收入。

## 利滚利储蓄法

会理财的人，即使是选择风险较低的储蓄，也会尽可能让每一分钱都滚动起来，包括利息在内。而利滚利储蓄法，就是这样一种聪明的储蓄法。怎么操作呢？很简单。例如你有一笔额度较大的闲置资金，你可以选择将这笔钱存成存本取息的储蓄，在一个月后，取出这笔存款第一个月的利息，然后再开设一个零存整取的储蓄账户，把所取出来的利息存到里面，以后每个月固定把第一个账户中产生的利息取出存入零存整取账户，这样不仅存本取息储蓄得到了利息，而且其利息在参加零存整取储蓄后又取得了利息。

看到这里，也许有人要问了，我把 5 万块钱存成了一笔三年期的，现在还没到期，我却急需 1 万块钱，该怎么办呢？别急，据工行湖北省分行营业部个金部人士透露，市民急用现金时，不妨采取"部分提前支取"方式。这种方式有一个最大的优点，就是提前支取部分存款后，剩下的部分仍可享受定期利息。不过，一笔存单只能使用 1 次"部分提前支取"。

# 赵文卓，有钱就要投资

说起赵文卓，大家可能会立刻想起《黄飞鸿》、《霍元甲》、《苏乞儿》等影片中那个武功高强、一脸正气的英雄人物。然而比起那些精力充沛、花边新闻满天飞的武打明星，赵文卓更像个隐居世外的武林高人，把名利看得极淡。他一向喜欢"中庸"这个词，红与不红对他来讲都不重要："我不是个有太多欲望的人，娱乐圈里很多东西都是虚的，尤其是虚名，如果我想出名，这20年机会太多了，太红又有什么用？"

"中庸"是一种大智慧，也许正是这种大智慧，让赵文卓对投资理财有着清醒的认识："需要花的钱就去花，但无论如何，也一定要懂得投资，尤其是演员。如果投资做得不好，会容易花得太快，将来不做演员的时候，如果没有收入，会过得很辛苦。"

谈起自己的投资经历，赵文卓回忆道："我还记得，自己第一次买股票是在1997年前后的香港，那时内地企业大量在香港上市。有一次我去谈剧本的时候，大家聊天说到股票，有朋友就跟我说，你也买点嘛。我那时也没有自己的账户，就用了别人的账户买的。说完这件事情，我们就进屋去谈剧本了。等谈两三个小时剧本出来，别人跟我说'你的股票涨了'。我说'那就抛了吧'，结果就赚了几万块钱。我还记得那天买的是中石化的股票。"

不过，这次传奇的炒股经历并没有使得赵文卓沉醉其中。他解释说，

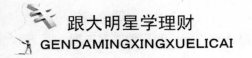
自己小时候有两个理财方式非常不同的武术指导，一个是赚了钱就买房，15 年之后，他几乎就不用工作了，因为光靠房子的租金和升值就可以使生活无忧；而另外一个则喜欢买彩票，像香港的赛马会之类的，每年投注上百万，但很多年过去了，却没攒下一分钱。"所以，我就觉得投资和理财这个东西，虽然要靠眼光和运气，但很多时候也是可控的，只要你的理财功夫深就可以。"赵文卓总结说。

由于对投资的看重，赵文卓不但买过股票，还在房产、餐厅、工厂等方面有所涉猎，而且都获得了不错的收益。不过，在赵文卓眼里，投资效果最明显、赚得最多的，还是房地产。他认为，每个地方经济起飞的时候，房地产市场都是很有潜力的，一定要重视房产的投资。所以，赵文卓从一开始，就很有房地产的投资意识。据他自己透露，光在北京他就有 10 个物业，全部都是在低价时买入的。

## 赵文卓理财观之一：有钱就投资，不喜欢存款

人的性格不同，对待金钱的态度往往也千差万别。卓文卓是属于天生乐观的那种人，少了一些庸人自扰，喜欢边赚边花，"最好等我闭眼的时候，正好花光最后一分钱"。

大概正是这种"边赚边花"的观念，让赵文卓对风险似乎并不是很畏惧。所以，在理财方面他看重的是如何生财，而不是如何守财："有钱就投资，我不建议存款，因为银行给的存款利息太少。"如今，赵文卓已成为娱乐圈有名的投资客，不仅拥有大量的房产和字画一类的收藏品，还有跟朋友合开的餐厅、工厂、甜品店，实在是羡煞了不少人。

### 理财师点评

从理财的角度讲，投资包括很多种，银行储蓄亦是其中之一。只是在

当今通货膨胀的形势下，银行储蓄最多只能保本，不能增值。所以，赵文卓这里所谓的"投资"，实际上是指增值型的投资。

任何事情都有两面性，增值型的投资虽然能赚钱，但也存在着风险。所以，对于普通人来说，由于受收入、家庭状况、抗风险能力等限制，并不能做到像赵文卓那样，把闲钱全部用来投资有风险的品种。比较合理的做法是，可将一部分钱存银行，用于保本及应急；一部分用于做保本增值的投资，如买保险、黄金、楼房、退休金计划、子女教育基金计划等，这些投资风险低，且具有实用性，是不可缺少的投资项目；另外，可拿出一少部分做高风险的投资，以小本博大利，如认股证、期指、期权、股票等。不过，一定要适可而止，不能过度冒险。


## 赵文卓理财观之二：
## 钱不仅要用来投资资产，也要用来投资自己


娱乐圈是个新人辈出的地方，虽然演技派不怕容颜老去，但长江后浪推前浪，如果不注意给自己充电，也很容易淹没在一茬接着一茬的新人里。正是因为如此，赵文卓现在虽然在影视道路一帆风顺，"钱"途也一片光明，但他却很有危机感，认为不光要在资产上投资，对自己也要投资。

所以，早就瞄上国际影坛的赵文卓在几年前就开始学习英语，并专门花钱请了一个美国人到家里上课。后来，他甚至很长时间都没拍什么戏，就是为了专心把英语学好。所谓"磨刀不误砍柴工"，赵文卓对这一点最有体会："我们现在所处的，是一个中美合拍片风起云涌的时代，我在这个时代来临之前，已经做好了准备。所以，当这个时代来临的时候，我就可以处在一个比较前端的位置上。我现在拿英文剧本的时候，就很掌握容

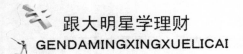
易了，而且不只是背台词那么简单。在我看来，像这样的投资也是非常值得的。"

## 理财师点评

从理财的角度讲，赵文卓花钱和时间学英语，从而让自己的事业更上一层楼，这其实也是让资产增值的一种投资。事实上，任何聪明的理财人，都不会忽略对自己的投资。因为无论是买保险、基金、股票、债券，还是开公司、做生意，都存在着一定的风险性，而房子、票子、车子也都有可能在一夜之间离你而去，唯独我们头脑里面的知识、技能、思想，是永远属于自己的，能真正给自己带来精神财富并创造物质财富的东西！所以，我们在考虑是买楼房、保险还是买股票赚钱时，千万别不舍得花钱来提升自己！

### 家庭理财常见的九种投资

在投资市场上，可供投资者选择的工具五花八门、种类繁多：储蓄存款、基金、保险、股票、外汇、黄金、收藏、债券、期货、做生意……虽然风险大小不一，却也各具特点。储蓄存款大家都已比较熟悉，下面就给大家分析几种比较常见的投资品种。

## 基金

按收益来划分，基金主要有股票型和债券型两种。前者是指60%以上的资产投资于股票的基金，属于风险大、收益大的品种，但因为是属于被别人管理操作，所以需要承担很大的管理风险和折价风险。其风险性类似于股票，收益比股票小，但是有专人管理，省去了自己的操作精力。后者是指80%以上资产投资于债券的基金，在国内，投资对象主要是国债、金融债和企业债，类似于债券，有专人负责管理操作，但是收益较低，抗通货膨胀的能力差。

### 债券

简单来说，债券就是一种借条，上面写明了借款人、借款数量、还款日期、还款数量、计算利息的方法等。只是借钱的人可能是国家、金融机构、企业等，且比借条要正规，受法律法规的制约。在风险与回报上，债券与存款类似，理论上可以保本，而且利息一般要高过存款。不过，债券与存款有一点不同，就是它能在存款利息下降的时候升值，在利息下跌的时候跌价，所以也存在一定的风险。

### 股票

理论上讲，股票购买的是发行股票商家的预期收益。因此，股票收益应该主要来自于股息收入，一只业绩优良的股票，每年应该有10%的收益。但由于它容易受政策、产业趋势、物价、人为操作、市场环境等影响，风险性也大，如果遇见行情不好，或业绩突然下滑等，甚至有清盘的危险。而且投资股票需要经常关注，比较浪费时间和精力，所以应慎重选择。

### 期货

所谓期货，实际是一种由期货交易所统一制定的、规定在将来某一特定的时间和地点交割一定数量标的物的标准化合约。这个标的物，又叫基础资产，是期货合约所对应的现货，可以是某种商品，如铜或原油，也可以是某个金融工具，如外汇、债券，还可以是某个金融指标，如三个月同业拆借利率或股票指数。期货市场受经济波动周期、金融货币、政治、政策措施、自然、心理等因素影响，风险大，收益也大，获利最高可达十多倍，属于以小搏大的一种投资。但它对专业能力要求非常高，要有丰富的经营知识和广泛的信息渠道及科学的预测方法。

### 外汇

靠国际货币汇率的变化，低买高卖来获取收益。它最大的优势是可以以小搏大。一般外汇公司的交易比率为 200～400 倍，也就是说，我们拿出 500 美元，就可以交易到 10 万～20 万的货币交易额，收益非常高，但风险也成正比。而且，最关键的是，外汇市场是 24 小时开放的，所花费的时间、精力不利于我们选择，要时时守着这个市场，如果投资者判断失误，很容易让保证金全军覆没。

### 黄金

目前比较普遍的交易方式主要有柜台式交易和投资黄金现货。前者是直接购买金条、黄金首饰等实物或者纸黄金，只能买涨，不能买跌，所以获利收益是低买高卖，比较适合中长期的投资群体。它最大的劣势是交易费用比较高，报价不统一规范，而且回购渠道不完善，变现不易，一旦买入价格过高，很容易发生价格下跌带来的风险。后者又俗称炒黄金，和炒股类似，是通过网上交易平台操作，以赚取黄金差价为盈利目的的一种投资品种。它是一种针对个体投资客户的 24 小时随时随地都可以操作的智能化投资形式，涨、跌都可以赚钱，较适合利用业余时间来学习理财的投资者，不熟悉的投资者还可以通过模拟操作来加强了解。

### 房地产

房地产是目前很多中国人的投资主选，它是实物投资，低风险，高收益，受预期通胀影响不大，除了可以自己使用外，还可以达到保值和升值的目的。不过，投入资金一般比较大，而以投机的形式炒卖楼花为出发点的投资者就另当别论了。

### 收藏

就收藏的品种而言，有古董、邮票、艺术品等，属于高回报高风险的一种投资。因为在收藏品投资中，一双火眼金睛不可少，特别是古董，如果没有专业知识是不可轻易介入的。实际上，许多识货行家也会阴沟里翻船，甚至许多赝品还躲避了许多业内顶级专家的眼光，所以同样要慎重选择。

**做生意**

可选择的面很广，市场常见的有服装、家具、建材、餐馆等等。从收益来讲，如果做的比较成功的，收益在30%左右，但是，要考虑的东西很多，包括店面的选择、进货、成本、推广、客户的管理和挖掘等等，还要应付工商、税务执法等部门的检查，比较浪费精力和时间，而且风险比较大。

# 秦海璐，只相信银行理财

　　秦海璐不漂亮，但绝对越看越有味道，就像一杯咖啡，入口是苦的，余味却是浓香。要说秦海璐，也算是娱乐圈的一个神人。想当年，尚未毕业的她，才接拍第一部电影，就一举夺得金马奖和金紫荆奖两座后冠。这在外人眼里，其前途与"钱途"无疑一片光明。然而，秦海璐接下来接拍的两部电影，一部是孟京辉的《像鸡毛一样飞》，一部是谢东的《冬至》，标签均为导演处女作，文艺范儿，小成本，理想主义，没有一点商业气息，当然也不叫座。

　　仅仅以这两部戏，我们足以从秦海璐身上领教什么叫性格。但更让人不可思议的是，这两部戏才拍完，她就"引退"到一家朋友的公司做起了秘书。不过没多久，朋友把她炒了。她就去拍戏赚钱，然后拿这个钱开公司、开饭店；倒闭后，再拍戏赚钱，再去投资做生意。如此折腾多次，她发现还是演戏挣钱多，这才决定"踏踏实实做个艺人"。

　　秦海璐会理财，在演艺圈中却是出了名的。比如前些年房地产买卖正热时，她却放长线，买来房子用于出租；在大家纷纷投资住宅楼时，她的眼睛却已瞄上了投资写字间，因此收益颇丰。

　　她认为，投资一定要理性，因为不管哪项投资都是有盈利的、有不盈利的。如果真准备涉及一个行业，那一定要充分了解这个行业的市场，做好前期的调研，然后找到自己立足的特色。

## 秦海璐理财观之一：不要挣离自己太远的钱

娱乐圈投资失败的人不少，比如在事业高峰期急流勇退和男友一起去经商，却最终宣告破产的杨采妮，再比如因炒房失败而破产的香港演员钟镇涛，还有因经营成衣外销生意而亏本的陈百祥，究其原因，无不是过于盲目，投资了自己不太熟悉的项目。说白了，就是手伸得太远了，放着近处的果子不摘，非要去够离自己远的果子，那摘到果子的几率自然要小很多。

秦海璐是"从能挣钱就想着怎么让钱生钱"的人，开发廊，当老板，买股票，炒房……跌了不少跟头，也长了不少教训，所以就在圈里人仍前仆后继地靠热情做各种投资时，秦海璐早已悟出了其中的关窍，她说："理性有多少，财就有多少，不要挣离自己太远的钱，不要轻易选择做生意，不能跟风。做生意的话要选择自己熟悉的行业来做，要熟悉游戏规则，要知足常乐，不能太贪，还有就是拿闲钱去投资，不要孤注一掷，到最后血本无归。"

### 理财师点评

秦海璐说，不要挣离自己太远的钱，其实就是要告诫大家，做投资可以，但不能光靠热情，说我喜欢摄影，那就开个影楼吧；也不能盲目跟风，看见人家炒房挣钱了，我就跟着去炒房。一定要选择自己擅长的、了解的项目，比如，你喜欢摄影，又有开影楼的各种有利资源和条件，那开影楼可以，但如果你对开影楼的细节一无所知，对怎么经营、怎么招徕顾客全无想法，那影楼就是开起来，也多半会早早关门。

所以，做投资一定要理性，手不要伸得太长，摘离自己最近的果子，最能尝到果子的香甜。

## 秦海璐理财观之二：银行理财最靠谱

很多人谈恋爱，只有在经历过不同的人后，才知道谁是最适合自己的。理财也一样。秦海璐早年非常热衷于投资，曾把自己的身份定义为一半是艺人，一半是商人，开过火锅店、发廊，做过广告公司，也买过股票、炒过房，但几经折腾之后，她终于发现，理财最靠谱的既不是投机也不是朋友关系，而是银行。

说起银行理财，秦海璐坦言："开始挺偶然的，最初拍戏我收的片酬是港币，那时候外汇不能随便兑换，去香港我也不可能消费那么一大笔钱，只能在银行存着。后来通过汇丰银行做了几期理财感觉不错，这份钱既没有闲置也没乱花，还有稳定的收益，于是也开始在内地银行找理财顾问。"所以，早已尝试过各种投资的秦海璐，现在基本不再留恋股市、房产、实业之类高投入高风险的项目，而是踏踏实实地通过银行理财。

### 理财师点评

所谓银行理财，顾名思义，就是通过银行进行理财。根据银监会出台的《商业银行个人理财业务管理暂行办法》，对"个人理财业务"的界定是："商业银行为个人客户提供的财务分析、财务规划、投资顾问、资产管理等专业化服务活动。"商业银行个人理财业务按照管理运作方式的不同，分为理财顾问服务和综合理财服务。我们一般所说的"银行理财产品"，通常是指后者。

那么什么是"银行理财产品"呢？按照标准的解释，应该是商业银行在对潜在目标客户群分析研究的基础上，针对特定目标客户群开发设计并销售的资金投资和管理计划。在理财产品这种投资方式中，银行只是接受客户的授权管理资金，投资收益与风险由客户或客户与银行按照约定方式承担。

一般来说，银行理财产品根据本金与收益保证的不同，分为保本固定收益产品、保本浮动收益产品和非保本浮动收益产品三种。另外按照投资方式与方向的不同，又有新股申购类产品、银信合作品、QDII 产品、结构型产品等种类。

在股市低迷、房价飘忽不定、投资基金又难获收益的情况下，选择银行理财产品，的确是风险性较小的一种投资。但在购买理财产品时，有三点一定要清楚：

首先，银行理财产品不等于存款。因为银行的理财产品，是实现资产配置，达到资产保值、增值目的的一种工具，相比于存款，收益高，风险性也大。另外，对于存款，储户可随时支取，定期转活期，储户也只是损失部分利息收益，而很多银行理财产品则不是每日开放赎回业务，对于急需用钱的投资者来说，即使投资者本人愿意承受收益的损失，也不一定能提前终止合同，所以投资前一定要对此有所计划。

其次，预期年化收益不等于实际收益。理财产品的实际收益率，往往要根据该款产品的投资类型来决定，除去固定收益类理财产品，部分保本型产品也存在浮动收益，因此，预期的年化收益仅仅依据一定市场状况计算出来，并不可能完全跟预期收益一模一样。

最后，到期日不等于到账日。银行理财产品对于赎回期限都有着相应的规定，即在到期日时赎回，方可获得合同约定的收益，而提前赎回，则有可能不被允许，或需要支付一定的提前赎回手续费。另外，由于银行理财产品到期后，银行方面会有一个结算的过程，所以，就算银行理财产品的投资期满，也不要想象成当日就可以兑付现金。一般来说，银行理财产品的到期日和到账日都有一定时间差，少则 2 日，多则 7 日。

## 购买银行理财产品的三步

近年来，银行理财产品层出不穷，种类繁多，想在众多的理财产品中挑出一款适合自己的产品，显然没那么容易。那么作为一个门外汉来说，究竟要怎样做，才能买到一款既能增值又最适合自己的产品呢？理财专家认为，您应做好以下几步：

### 第一步，了解自己

专家认为，投资者购买银行理财产品前，应仔细考虑一下自己的理财目的、资金量、理财时间、背景知识，并根据资产状况、年龄及自身经历等，对自己的风险承受能力进行评估。一般来说，风险承受能力差的人，应该投资固定回报、固定收益的产品，如国债、央行票据等；而风险承受能力强的人，则可以投资权益类的或者一些另类的投资产品，如黄金、白银、艺术品等，因为承担更高的风险，就可能取得更高的收益。

### 第二步，了解产品

投资者在购买理财产品前，先要看产品的类型，是保证收益型，还是非保证收益型？是固定收益型，还是浮动收益型？这几类产品的风险性大小不一，客户在了解理财产品时，不能光进行简单的口头询问或单纯相信银行人员的口头承诺，还要自己看清楚产品合同里有关产品的性质、风险，确定自己能否接受这类风险度的产品。

其次，要看产品的挂钩对象，也就是投资方向、投资范围。一般来说，投资者应尽量选择自己相对熟悉的产品，比如对股票相对比较了解，可以选择与股票挂钩的产品；如对外汇相对比较熟悉，则可以选择与汇率挂钩的产品。

第三，要看产品的风险控制。很多产品虽然是非保本浮动型，但产品的结构是可以控制风险的，这时投资人需要关注几个风控关键问题：有没有抵押？抵押率是多少？有没有担保？有没有资金承接？有无连带责任？等等。一般来说，抵押率是越低越好，50%的抵押率意味着我借给对方1元钱，对方拿价值2元钱的东西抵押给我；有担保意味着有人承担连带责任，出了事情有人负责；很多产品后面有"相关人的无限连带责任"这一条，是制约重要人员的个人责任，也具有较强的风险约束性。

第四，要看投资期限和资金到账时间。投资期限一般从3个月到3年、5年不等。一般来说，投资期限越长收益越高。而短期理财产品，在产品到期或提前赎回时，不同银行的资金到账时间也不相同。

第五，要看产品的收益情况。银行理财产品，都有一个预期收益，但这个收益有可能是年化收益，也可能是好几年的累计收益，所以在了解产品时，不能单纯看数字，一定要计算一下才能看出哪个更高。比如，一款理财产品年收益率为9%，另一款理财产品15个月的到期收益率为10%，单纯从数字上看，后一款理财产品的收益率更高。可实际上，把后一款产品15个月的收益率换成年收益率，仅仅是 $10\% \times 12/15 = 8\%$，低于前一种产品。

第六，要看产品的费用。很多理财产品都是有购买费用的，而这个费用也是一种投资成本，会影响到客户的实际投资收益率，所以投资者必须对此提前知晓，问清楚该产品的购买费用是多少，到期有没有退出费用，费用是一次性收取还是按年收取，提前赎回是否需要扣减额外的费用等。

第七，要看能否提前支取或者抵押贷款。一般理财产品是不能提前支取的，部分产品可以在一定封闭期后赎回。赎回日期有的是每天，有的可能是每季度或每半年。这个也要问清楚，以免自己在急着用钱时却取不出来。如果产品不能提前支取，要问清楚是否可以办理质押贷款，这样也便于对资金作出合理安排。

### 第三步，办理交易手续

当看好某款银行理财产品以后，接下来的环节就是办理购买手续。但

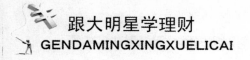
　　办理购买手续并非交钱走人那么简单，在投资者交易投资资金时，理财人员还会再次提醒投资者阅读相关合同、合约和风险揭示书，如果此时您预感到投资风险，可终止购买该款产品，如无异议，才可以进行资金划转，获得相关业务凭证和回单。

# 翁虹，保险在生活中是安心之选

　　翁虹是个美女，1989年荣获香港"亚姐"冠军，同时囊括了最佳美仪、最上镜等三个奖项，并由此出道，进入演艺圈，演出了《富贵冤家》、《唐伯虎点秋香》、《挡不住的风情》、《神父》等多部影视剧，让很多人都记住了她靓丽甜美的形象。但随着岁月的打磨，翁虹的美不仅仅再局限于外表，事业的成功，良好的生活环境，更是造就了她作为一个女人的睿智与优雅。

　　睿智的女人都很会理财，翁虹也不例外。她说，理财无关乎男女，关键在于有没有用心研究。有人曾问起翁虹理财的诀窍，翁虹的回答颇让人受益，她说："理财没有诀窍，只有努力。要学会经营规划自己的财产，首先要了解自己的财务状况，量力而行，不要浪费，要理性。投资还要仰仗专业人士的帮助，认真分析，多方参考，保持平和的心态。投资不是投机。"

　　也许正是这种理财观念，让翁虹在做投资时，特别注意分散风险，在房产投资、珠宝收藏、企业经营等多个领域都有涉及，但翁虹很少碰股票等高风险的投资品种，即使偶尔涉足，也一定会听专业人士的意见再入市。其实相比股票、基金，翁虹更爱买保险。因为演艺事业风险系数高，存在很多不确定的因素，因此，为自己做足保障，是翁虹在理财上考虑得最多的。

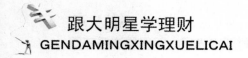
　　翁虹的第一份保险，还是她在学习舞蹈的时候，而被保险的对象，正是那双羡煞无数女性的美腿。如果说买第一份保险只是翁虹一种潜意识的理财行为，那在经历车祸和升级为辣妈之后，对保险的重视则成了她理财规划中不可缺少的一项，以至于目前她自己就已拥有五份保单，保费达到五位数以上。

　　说起那次车祸，发生在 2001 年，当时翁虹腰部严重受伤，差点瘫痪在床，先后辗转台湾、香港、日本，经过了长达 8 个月的治疗，加上她顽强的意志，才得以恢复，这让翁虹在很长一段时间内都心有余悸，保险意识自然而然地就增强了。于是，她后来在参加电视台的"舞林大会"时，就跟主办方协商，为自己的腰投了保，保额达上千万元。

　　2007 年底，随着可爱女儿"小水晶"的到来，升级为辣妈的翁虹将精力都放在了女儿身上。翁虹爱女心切，自然会早早地为女儿做足各种保障。所以，在女儿刚刚一岁多的时候，她就开始和老公一起为女儿选择合适的少儿教育基金和保险。她认为，孩子的教育是一件大事，宜早作规划。

## 翁虹买保险心得之一：保险贵精不贵多

　　作为一个睿智的女人，翁虹对待金钱有自己独特的看法，她说："良好的生活环境和条件是每个人都追求的，但需要在力所能及的范围之内，消费要与劳动成正比。合理的吃穿住行安排，可以避免不必要的浪费。相对来说，精神上的富足比金钱挥霍更能给人带来快乐和满足感。"

　　翁虹这种科学的消费观体现在理财上，是适可而止，不贪得无厌。就拿她最重视的投资——保险来说，很多人买保险，往往比较盲目，保险人员说什么好，就买什么，结果一路下来，白花花的银子拿出去不少，真正特别优良的险种却寥寥无几。而翁虹则非常谨慎，她表示，在险种的选择上，除了寿险外，她还着重投保了女性健康险和旅游保险。虽然她也会随着市场形势的变化，在打理好现有这几张保单的同时，关注一些新上市的产品，但其宗旨是"贵精不贵多"，不会因为重视保险而滥买保险。

### 理财师点评

保险公司的保险品种繁多，投保人不可能全部买入。所以，翁虹的保险"贵精不贵多"是非常值得我们学习的一个理念。那么，如何选择险种才能做到少而精呢？

专业的保险顾问认为，选择什么险种，要根据自己家庭的经济能力而定，但要明白一点，就是保险的基本功能是保障，是解决一个人平时最担心的问题，而不是用来改变生活的。所以在选择保险时，主要就是看能不能帮助自己解决担心的问题和转移风险损失。

一般情况下，意外伤害是最无法预防且对家庭冲击最大的风险，所以意外保险是必选的保险之一；其次是医疗保险，即使有社会医疗或居民医疗等这些公费医疗保险，也应该适当补充一些费用报销型的商业医疗保险；三是像那些上有老下有小或有房贷等这些承担着较大家庭责任的人，应该考虑寿险，特别是等于这些责任期限的定期寿险；另外，在经济条件许可的情况下，还应该有重大疾病保险，否则很容易造成"辛辛苦苦几十年，一病回到解放前"的困境。需要一提的是，现在各家保险公司为了吸引客户，都推出了一些以意外险为主险，并附加其他险种的套餐保险。因此，如果能选择到一个好产品，不仅能使得保障更广、更全面，还能节约不少保费。

## 翁虹买保险心得之二：保险公司专业上的服务最重要

娱乐圈的人似乎都挺热衷于买保险，但如果有人问他们："买保险最

应该看重的是什么？"估计少有人能回答上来。因为买过保险的明星虽多，但真正理解保险的明星却很少，他们很多人都是完全听凭经纪人的安排，甚至都不知道自己所购买的保险叫什么名字，出自哪家公司。其实不仅是明星，在买保险的过程中，一些专业人士也都很容易将自己的主要精力花在研究产品的保费、保额和回报率上。但是对于买保险颇有心得的翁虹却告诉我们："保险公司专业上的服务最重要。"可谓一语中的。她所具备的保险意识和观念不仅正确，而且超前，这正是她能入选影视圈里明星理财TOP5 的最大理由。

## 理财师点评

所谓"保险客户服务"，是指保险人在与现有客户及潜在客户接触的阶段，通过畅通有效的服务渠道，为客户提供产品信息、品质保证、合同义务履行、客户保全、纠纷处理等项目的服务，及基于客户的特殊要求和对客户的特别关注而提供的附加服务内容，包括售前、售中和售后服务。售前服务是为潜在的消费者提供各种有关保险行业和保险产品的信息、资讯及咨询，免费举办讲座，协助客户进行风险规划，为客户量身设计保险等服务。售中服务即保险买卖过程中为客户提供的服务，包括协助投保人填投保单、保险条款的准确解释、带客户体检、送达保单、为客户办理自动交费手续等。售后服务即客户签单后为客户提供的一系列服务，包括免费咨询热线、客户回访、生存金给付、保险赔付、投诉处理、保全办理等。

为什么说买保险时，保险公司专业上的服务最重要呢？因为保险属于特殊的服务行业，它较一般的商品服务性更强。保险表面上买卖的是一纸合同，其实质交易的却是一种服务。保险人与被保险人之间的主要关系，就是服务与被服务的关系，服务贯穿于整个保险活动中，是保险的生命。服务质量的好坏、服务水平的高低决定着保险公司的兴衰存亡。所以，服务质量好的保险公司，往往更值得信赖。这也是为什么说翁虹所具备的保险意识不仅正确，而且超前的原因。

## 买保险的八大注意事项

买保险看似简单，其实是一门不小的学问，为了用最少的资金得到最大的保障，我们在购买保险时，至少要注意以下几点：

### 第一，保险条款要读懂

人们在买保险之前想要准确地了解保险的内容，就要看保险条款。保险条款是保险公司同消费者签署的保险合同的核心内容，它规定着一份保险所包含的权利与义务。一般来说，除保险责任外，保险条款的其他各项内容基本相同，各种保险的区分主要在保险责任和责任免除。

所以，投保人在投保之前，必须仔细研究所投保险条款中的保险责任和责任免除这两大部分，应了解这种保险其保险责任是什么？怎么缴费？如何获益？有无特别约定等。对一些过于专业的保险条款，如果一时弄不明白，可向保险公司的有关人士进行咨询，还可以在各大保险专业网站进行咨询。

### 第二，了解交款和领钱

弄懂了保险条款，人们接下来最关心的是交款和领钱。这其实是保险的核心内容，它主要包括三个方面：一是交多少钱，日后领取多少钱；二是交钱的时间与方式，日后领钱的时间与方式，比如多长时间领取，一次性还是分期等等；三是领取的条件，比如在什么情况下可以领钱，在什么情况下不可以领钱等等。

### 第三，将了解的内容落实到文字

并不是所有人都能够自己看明白文字材料，所以，对于上面两条你如果还是不太清楚，那最好的办法就是听懂推销员介绍保险。此时的关键点只有一个：将了解到的情况逐项落实到文字记录下来，并逐项在保险条款中找到相对应的部分加以确认。

### 第四，选择保险时要量入为出

在弄清楚一款保险的交款情况后，是否要购买，应该先计算清楚自己现有的收入水平及将来可能的收入能力，以保证在今后的岁月中，有足够的支付能力，以防投保数额过大、交费过高而影响家庭正常生活开销。一般来说，保费取家庭年储蓄或结余的10%～20%较为合适。

### 第五，确定险种后要货比三家

只要细细比较一下就会发现，同样的保险在不同的保险公司会在缴费、保障范围、领取、赔偿等方面有所不同。比如同样是大病医疗保险，有的保险公司能保10种大病，有的保险公司所保的只有7种大病；有的保到70岁，有的保障终身，但所缴保费却相差无几。所以，投保人在购买保险时，一定要货比三家，别盲目。

### 第六，如实填写投保单并亲自签名

在确定投保以后，投保单上有许多内容要填写，甚至包括一些隐私的内容。这时候，无论什么内容，填写时都一定要如实填写，并最后亲自签名。否则，日后保险公司就可能会以此为依据拒绝赔偿或给付保险金。

### 第七，找最信赖的人买保险

由于保险产品的复杂性，很多人不可能在很短的时间就分清各种选择方案的好坏，所以，最便捷的方法是找最信赖的人买保险。

### 第八，记得买保险还有个"犹豫期"

所谓保险"犹豫期"，是指投保人在收到保险合同后10天内，如不同意保险合同内容，可将合同退还保险人并申请撤销。在此期间，保险人同意投保人的申请，撤销合同并退还已收全部保费，保险公司除收取 10 元的成本费以外，不得扣除任何费用。这是保险公司为保护投保人和被保人的合法权益而设定的，它可以让投保人在 10 天的"犹豫期"内，仔细研究保单，或咨询对该险种比较熟悉的朋友，对自己所投险种作一番深入考虑，最后下定决心是保还是不保。

# 品冠,投资股票不如买基金

"无印良品"二人组合刚刚解散时,曾有很多人为此而惋惜,然而单飞后的品冠和光良,却并没有因此星路受限,而是在各自的领域得到更自由的发挥,尤其是曾自称恐婚的品冠,现在不仅事业风生水起,还收获了爱情,有了真正属于自己的小家。

爱情事业双丰收的品冠,聊起投资与理财,感触良多。他说:"关于投资和理财,那我要说的就多了,因为不止是金钱需要打理,更重要的是同投资一样,事业、生活都必须先有付出,才可能会有收获。

"音乐就是我这辈子做过的最好的投资,我人生中的大部分时间都花在了音乐上。就像现在一样,这么多年来不停地录制新唱片,到处跑宣传,从来也不觉得累。

"以前曾想在10年里把一辈子的钱给赚回来,其余的时间就用来享受。但我现在觉得人一懒散,就会没有目标,就会松懈和颓废,所以,我不断地给自己目标,不厌其烦地做自己想做的。我觉得现在的生活很开心,很有满足感,我永远不会离开音乐。"

对于品冠来说,虽然很看重事业方面的投资,但可能跟大学期间学的会计专业有关,他对于金钱方面的投资也颇感兴趣。比如1996年,品冠刚出道不久,就用赚到的钱在家乡马来西亚郊区买下第一座房子,其后又先后在马来西亚、台湾等地购置了多处房产。现在,仅仅是靠这些房屋的租金，就足以让他过上无忧无虑的生活。

此外，他还投资风险性较小的基金、保险等，尤其是在基金方面，从最初的毫无经验，到现在的心得满满，足以看出他在投资上的偏爱。至于股票，一向谨慎的品冠则表示，自己工作太忙，股票市场又瞬息万变，因此暂时不考虑。

现在，全身心投入到婚姻生活中的品冠，对于金钱和亲情有了更深刻的认识，他说："我会尽自己的最大的努力，抽时间跟家人在一起。对我来说，家人比赚钱重要得多，因为现在很多人把时间花在赚钱上，却丧失了与家人、朋友相处的时光。但失去的亲情、友情及时间，是花再多的金钱也买不到的。"

## 品冠买基金心得之一：投资基金前要做足功课

基金是很多人都涉猎过的投资项目，因为它品种多，风险又普遍比股票低，最重要的是多由银行代销，所以，对于那些想投资又不想有太大风险，或经常去银行的人来说，很容易选择基金来做投资。

但是风险小不代表没风险，草率投资，也可能会亏本。品冠就有过这样的经历。那是在 2002 年，品冠听了理财专家的建议，投入 300 万元购买基金，结果那个专家辞职，直到新的理财专家上任，品冠才知道账面损失了 30%。

有了这个教训，品冠对于买基金也有了自己的经验："虽然我后来等到 2005 年时，基金的回报率到 20% 才脱手，但我再也不敢草率投资，而要求自己一定事先做足功课。比如投资房产时，就要考虑房子所在的位置和升值空间，买基金时就要弄清基金公司的盈利状况以及基金经理的业绩情况。"

理财师点评

"买基金时就要弄清基金公司的盈利状况以及基金经理的业绩情况"，的确是规避风险的一个重要条件。但在解释这句话之前，我们要先明确两个概念——"基金公司"和"基金经理"。

目前，由于开放式基金主要通过银行代销，所以许多投资者会误认为基金是银行发行的金融产品。其实不然。事实上，无论是何种基金，都是由基金公司发行的，跟银行无关。而所谓的"基金公司"，是指经中国证券监督管理委员会批准，在中华人民共和国境内设立，从事证券投资基金管理业务的企业法人。而基金公司的发起人，一般是从事证券经营、证券投资咨询、信托资产管理或者其他金融资产管理机构。

目前，中国的基金公司在 60 家以上，其公司属性、公司规模、成立时间、盈利状况都各有不同。所以，购买基金之前，弄清楚基金公司的状况是非常有必要的。

基金公司在发行基金时，每种基金都会由一个或一组人去负责决定该基金的组合和投资策略。那么，这个或这组负责人就被称为"基金经理"。

在当前中国的资本市场面临竞争十分激烈的情况下，基金经理是处在风口浪尖上的职业，更换的频率非常高。据网易财经 wind 数据统计显示（数据截至 2012 年 2 月），基金业有 699 名基金经理，平均从业年限 2.72 年，其中最长的经历有 13 年，最短的尚不"足月"。在这些人当中，从业超过 4 年的有 178 名，在 3～4 年间的有 79 名，2～3 年间的有 108 名，1～2 年间的有 149 名，一年以内的 185 人。也就是说，在中国每年平均有四分之一的基金经理要被淘汰。基金经理的淘汰，往往直接影响到您的收益。因此，选择一个业绩优良的基金经理，也是非常重要的。

## 品冠买基金心得之二：做基金定投更能赚到钱

基金市场中，基金种类繁多，债券基金、股票基金、货币基金、信托基金、保险基金，应有尽有，投资的方式也分单笔投资、定期定额投资和套利投资几种。因此，很多人不知道如何选择。而在基金上投出经验来的品冠，则鼓励大家做基金定投。他说："理财同音乐一样，只要你用心去对待，就会有很好的收获。对我自己来讲，一点都不歧视卡奴，但我鼓励大家先从投资基金定期定额 3000 元开始，一定能够赚到钱的。"品冠透露，他每月定期定额投资几只基金，钱数不多，只有十几万，但打算长期投资。

### 理财师点评

华尔街流传一句话："要在市场中准确地踩点入市，比在空中接住一把飞刀更难。"而基金定投（定期定额投资基金的简称），是一种在固定的时间（如每月 10 日）以固定的金额（如 300 元）投资到指定的开放式基金中的分批买入法，这就克服了只选择一个时点进行买进和沽出的缺陷，可以均衡成本，使自己在投资中立于不败之地，因此基金定投又有"懒人理财"之称。

由此我们可以看出，基金定投最大的优点，就是能平摊投资成本，降低整体风险。由于它有自动逢低加码、逢高减码的功能，无论市场价格如何变化，总能获得一个比较低的平均成本，因此，定期定额投可抹平基金净值的高峰和低谷，消除市场的波动性。只要选择的基金有整体增长，投资人就会获得一个相对平均的收益，不必再为入市的择时问题而苦恼。

此外，基金定投由于是定期定额投入，能积少成多，因此还有类似于银行储蓄中零存整取的特点。而且，基金定投起点低，投入的额度从几百到几千几万，没有太多限制，这对于刚上班收入不高的年轻人，尤其是"月光族"来说，无非是一种攒钱的好方式。这也是为什么大多数理财专家都建议年轻人做基金定投的原因。

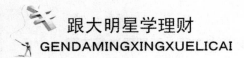

## 投资基金的七大注意事项

　　当前，基金作为一种理财工具已经为大多数老百姓所接受。普通老百姓希望通过对基金的投资来分享我国经济高速增长的成果，这本无可厚非，但我认为，投资者在投资前还是要了解一些基金方面的基本知识，以使自己的投资更理性、更有效。

　　其一，投资基金，要先做一下自我认识，是要高风险高收益还是稳健保本有收益。前一种买股票型基金，后一种买债券型或货币型基金。确定了基金种类后，选择基金可以根据基金业绩、基金经理、基金规模、基金投资方向偏好、基金收费标准等来选择。基金业绩网上都有排名。稳健一点的股票型基金可以选择指数型或者 ETF。定投最好选择后端付费，同样标的的指数基金就要选择管理费、托管费低的。偏股型基金要设置投资上限，所谓投资上限是指自己投资受损时所能承受的最大金额，达到上限后就要果断将损失锁定在可承受的范围。另外，在股市低迷时可选择货币基金，以避免风险；在股市火爆时，可选择股票型基金以分享牛市的好收益，通过不同类型基金的优化配置，来达到控制风险和增加收益的双赢格局。

　　其二，要注意定期检查自己的投资收益。根据市场的节奏变化对自己的账户进行后期养护，基金虽然比股票省心，但也不可扔着不管，还是要多多进行后期养护，这样才能把基养得肥肥胖胖的。如果能把握市场脉搏，及时更换基金，可以更有效地规避风险和扩大收益。

其三，要注意买基金别太在乎基金的净值，其实基金的收益高低与基金份额没有什么关联，只与净值增长率有关，只要基金净值增长率保持领先，其收益就自然会高。

其四，要注意不要喜新厌旧。不要盲目追捧新基金，新基金虽有价格优惠、选择性强等先天优势，但老基金有长期运作的经验，操作稳键，有较为合理的仓位，更值得关注与投资。

其五，要注意不要片面追买分红基金。基金分红是对投资者前期收益的返还，把分红方式改成红利再投更为合理。

其六，要注意不以短期涨跌论英雄。以短期涨跌判断基金优劣显然不科学，不同基金投资的板块各有测重，基金涨涨跌跌也在所难免，因此以短期涨跌判断基金优劣，就很可能造成误判，对基金还是要多方面综合评估考察。

其七，要注意灵活选择稳定省心的定额定投和实惠简便的红利转投等投资策略。

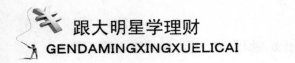
# 王刚,乱"市"买黄金最踏实

在电视荧幕上,一向以点头哈腰形象示人的"和大人"王刚,在现实生活中有一点跟"和大人"十分相像,那就是有钱,是影视圈里有名的"富人"。据说,王刚的家里除了一件沙发,剩下的全是古董,价值难以估计。大家都知道现在古董贵,而王刚能把满屋子都摆上古董,其投资理财能力也就可想而知了。

回忆起自己的理财经历,王刚说:"二三十年前,大家都没有投资概念,只懂得赚点钱就攒起来,或者存到银行。说白了就只懂储蓄,其他什么也不会。我也是一样,当然那时候也没多少钱。后来慢慢有投资渠道了,股票、房产、基金……谁知道在这几个市场我的损失都很大。最惨的是做美元、英镑等外汇理财。"

说到自己当时的"惨败",王刚至今都觉得痛心。他说那时候自己很相信外资银行,以为把外汇放到洋银行里会更好,谁知损失最大时高达60%还多。后来又买了股票,但遇到市场不好,只能采取"鸵鸟政策","那时我也买了七八只股票,到现在我都不看了,甚至自己买的什么股票都记不得了。找不到感觉,我就再不去碰了,将来大盘更高一点儿再说。"

有了这些失败的经历,王刚对投资变得更加谨慎,直到涉足收藏,才终于找到适合自己的投资方式:"我很庆幸最终找到了适合自己的投资方式,那就是在十几年前进入了收藏市场。这个市场里面,真东西都是翻着跟头地往上涨，只可惜自己财力有限。"王刚感慨道。

## 王刚理财观之一：乱"市"买黄金最踏实

在收藏市场上颇有心得的王刚，近几年又把目光投向了逐渐大热的贵金属投资市场，包括投资金条、贵金属工艺品等。王刚认为，人们常说"盛世古董，乱世黄金"，但他觉得该把"乱世"改为"乱市"："现在的投资市场鱼龙混杂，在这样的市场条件下买黄金就最踏实。"

他又进一步解释道，黄金是稀缺资源，今天买了没赚也没关系，可以保值增值，还可以传给子孙。遇到金融危机什么的，人们对货币失去信心时，金本位就回归了，而且黄金跟古董不同，只要你通过正规渠道购买，一般都能保真，鉴定也不复杂，算是目前比较有优势的投资项目。"所以我认为投资者都应有一点金"。

### 理财师点评

如今，在这个"你不理财，财不理你"的全民理财时代，黄金作为"硬通货"，无疑是一种重要的投资品种。目前，根据投资方式的不同，黄金投资又主要分为纸黄金投资和实物黄金投资两种。

纸黄金投资，是一种纸上交易，投资者按银行报价在账面上买卖"虚拟"黄金，然后通过把握国际金价走势低吸高抛，只能从中赚取差价，不能提取实物，比较适合短线投资。

实物黄金投资，是指以持有黄金实物作为投资，包括金条、金币等。投资者可以在低价时买入，高价时再卖给银行来赚取差价，比较适合长线投资。王刚所谓的"乱'市'买黄金"，其实就是指实物黄金。不过，投资实物黄金除了能赚取差价，更显著的效用是保值，这也是为什么国际上投资者都习惯在银行的保管箱中存放金条和金币的原因。所以，此类投资

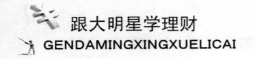

者必须具备战略眼光，不管其价格如何变化，都不急于变现，不急于盈利，而是长期持有，以备不时之需。

# 王刚理财观之二：买贵金属制品要选题材

目前，各大银行发行的实物黄金制品种类多样，名目繁多，价格也高低不一。那么面对如此多的黄金制品我们到底该如何选择呢？王刚认为，买贵金属制品一定要选题材，照单全收不可取。像以世博为主题的黄金制品就不错，比如交行曾推出的积淀了千年文化的"百泰和合盘"，成色是999金，全球只发行1000套也就是1000枚，以中华"司南"为原型打制，承载很深的文化底蕴，非常具有收藏价值，是一个很不错的投资品种。

## 理财师点评

一般来说，兼备收藏价值的黄金制品，其未来的升值空间也会更高。但是，这很考验投资者的眼力和耐力。所以，对于普通投资者来说，与其投资带有工艺性的黄金制品，倒不如投资金条更实际一些。但如果想作收藏，那么发行量少、制作工艺精良、具有纪念意义的贵金属制品当是首选。

另外，消费者在选择有纪念意义的贵金属制品时，还要注意发行主体是否权威。一般来说，市场上存在"官条"和"民条"之说："官条"指的是由国家权威机构（央行、金币总公司等）来发行，这类产品市场认知度高，特别是央行发行的，上面一定会附有当时央行行长的签字证书，数量也不算多，因此这类产品的升值率也比较高；"民条"是指由普通企业发行的，市场认知度与"官条"相比较就差很多。所以消费者在选择产品时，一定要注意发行主体。

## 投资实物黄金易入的三大误区

买点黄金放在手里留着保值升值，本是个不错的理财方法。但是，由于了解不够，很多人在投资实物黄金时，很容易陷入几个误区，以致无法真正获益，甚至赔钱。

### 误区1：偏好纪念型金条

金条是实物最常见的投资工具，通常分为纪念型金条和投资型金条两种。二者的区别主要在于工艺，前者往往设计精美、工艺精湛，更受消费者的追捧；而后者则工艺较为简单。不过，由于实物金条在销售时都会在实时黄金价格的基础上收取一定的加工费、仓储费等，相比之下，纪念型金条的加工费往往要比投资型金条高出很多。因此，如果我们从投资成本的角度来考虑，投资型金条更加适合作为投资对象。

另外，金交所的实物黄金产品是市场上溢价最低的投资型金条，其价格是以提取时实时更新的金交所相关黄金报价来确定，除此之外投资者只需要支付金交所黄金账户的开户费和2元/千克的提金费用就可以。

### 误区2：买黄金饰品也算投资理财

很多人认为购买黄金首饰也是投资理财，事实上这是个误区。因为投资很重要的一条就是你买进来以后再卖出去，包括变现的渠道够不够便捷。而黄金首饰买进来容易，卖出去难，变现的渠道也非常有限。而且普通的黄金首饰，必定要加上首饰加工等费用，这注定会超出黄金本身的价值。

### 误区3：频繁买进卖出

很多人在金价持续看涨的情况下，往往喜欢频繁地买进卖出，以赚取

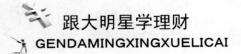

差价。但是，对这些投资者来说，必须考虑两个问题。一是波段操作的成本很高，实物金条在出售时采用加价销售的方式，高于当时的黄金市场价格；而在回购时，则需要按照 3 ~ 10 元/克的水平收取手续费。因此，只有黄金价格的上涨达到一定的水平，才有可能弥补其中的成本。如果投资者选择账户金，而不是实物金来进行波段操作，就可大幅降低其中的成本，增加自己的获利。二是尽管这几年黄金市场连续呈现牛市行情，但是从来都没有只涨不跌的市场，投资者在市场的回调中也需要认清基本因素是否发生了变化。

### 误区 4：黄金越纯越好

随着高纯金技术的应用，黄金市场又出现了新亮点，那就是 Au99. 999，又称万足金 。近期，不少金店也推出了高纯金金条、金币、金章等。一些消费者也把高纯金产品作为了投资对象。但由于它的定价机制不透明，所以目前来看，高纯金产品并不适合进行投资。

# 姜培琳，理财只信奉专业人士

姜培琳，这位拥有"中国第一模"之称的女人，几乎是一出道，头上便戴满了桂冠——被法国时装权威誉为"中国国际超模"，被美国誉为"中国最有才华的模特"，被时装界誉为"开伸中国模特新时代的模特"……

T台上的姜培琳，是成熟冷艳的，与好莱坞著名影星凯瑟琳·泽塔·琼斯颇有几分相似。而T台下的姜培琳，则成熟、干练，颇具商业头脑，短短几年，就已成为四家公司的董事长，公司分布北京、上海、广州和大连，产业涉及文化、教育、商业、地产等多个领域，不能不说是个传奇。大概也正是因为如此，姜培琳才能连续两年荣登福布斯"中国名人榜"，成为演艺圈的一个奇迹。

就是这样一个吸金能力超强的大"财"女，说起理财，却极为谦虚，自称不会理财。姜培琳坦言，自己从小对钱、对财务就没什么概念，那是因为在高中以前她都是跟爷爷奶奶一起生活，可以拿三份零花钱。首先是爷爷奶奶那儿拿一份，然后在已经出来工作的姑姑和叔叔那儿再各拿一份。有了这三份零用钱，姜培琳读书期间的生活一直过得非常滋润，平时跟同学出去吃饭、游玩基本上都是由她来买单的，久而久之也就形成了一种习惯。

回忆起自己的捞金生涯，姜培琳说："初到上海时我没有带多少钱，印象中最窘迫的时候是我想回家而身上却只有 38 元钱，连买车票都不够。那时候我在上海的发展不顺利，并且留给我太多的伤痛。我想放弃了，于是我在家里安静地度过了那个春节。但是我的心里还是放不下，终于在春节过后又回到了上海，这一次是幸运的，也许是我经历了太多的苦难，我成功了，而且一发不可收。"

当时，上海正在办国际模特大赛，姜培琳和两个同学一起大胆报名。结果，她们在初试就全遭淘汰。但几天后，组委会打来电话，让姜培琳参加决赛。"一个巴西选手因违规被取消了参赛资格，才让我成为替补。"姜培琳说。没想到，姜培琳第一天踏上舞台就获得了亚军，并挖到了人生第一桶金——5000 美元赛事奖金。从此，姜培琳开始了风光无限的 T 台生涯。

但是，当了模特的姜培琳，对钱还是没什么概念。"我的钱都是交给我姑姑帮我打理的。平时买衣服、化妆品等等，超过 1 万块的数目就算不清，因为后面的小数点实在太多了，自己也不知道究竟用了多少钱。"姜培琳笑着说。

开了自己的公司以后，对金钱一向没什么概念的姜培琳，在财务方面有了很大的改变。这时的她，接触了很多理财方面的问题，也学了很多财务方面的知识，所以很快就做到了公私分明——在个人消费方面，姜培琳买东西还是保持着以前的习惯，基本上很少去看物品的价钱；但在公司管理方面，却不像自己消费那么随意。"我是非常严谨的，基本上公司账目上的每一笔钱出去，我都要知道它用在哪些方面，考察它是否值得用，该怎么用。就是要清清楚楚地知道钱用在哪一方面，而不会像自己平时消费那样随心随意。"正是因为这样的改变，让姜培琳在经商的路上越走越远。

# 姜培琳理财观：理财我只信奉专业人士

中国人的防范心理是最强的，可能是怕露富等心理，目前很多人都是"关门理财"，几乎不听理财师的任何建议，想法就是："我自己是最好的理财师，赔钱我乐意！"但聪明的姜培琳却说："理财我只信奉专业人士。"

一切经验的获得，都需要一个过程，姜培琳也不例外。据姜培琳自己回忆，她在刚开始投资时，非常感性，都是选择自己喜欢的行当来投。如果是自己不喜欢的，即使是收益很大，也不会去做。而对自己喜欢的事情，有一点点的回报就很乐意做。

后来，姜培琳发现，这样理财效果并不好，于是请了3个专业理财人士帮助打理资产。几年下来，公司的运营状况很理想，尝到甜头的姜培琳更加信奉专业人士的理财了。如今，只要有新的投资方向或者项目，她都会向理财专家咨询，大一点的项目，甚至邀请专业理财机构做详细的调研，确定后才进行实际操作。所以，当记者问到姜培琳的理财观时，她笑着说："我很推崇专业人士。因为专业，所以赚钱。"

## 理财师点评

古人云，闻道有先后，术业有专攻。让一个专业知识更强、资源更丰富的理财师来帮助打理财产，效果显然要好过"门外汉"自己碰运气。事实上，在当今经济变化莫测的环境下，人们对理财师的建议已经越来越重视。某份针对个人理财的调查就表明，87%的被调查者会接受银行理财师的建议，22%会要求银行提供理财咨询服务。所以，让专家为家庭理财出谋划策，无疑是大势所趋。

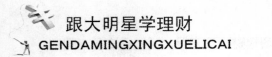

那么，请专家帮忙理财到底有哪些好处呢？总结起来，主要有以下几点：

首先，帮您做整体理财规划。理财师能以个人、家庭的幸福生活为出发点与依归，从收入、支出、投资、风险规避等方面，全方位设计与规划，使客户实现财富的保值增值。

其次，渗透理财理念。理财师能在行动中不断为客户渗透最合适的理财理念，使之观念上更新，实现整体理财规划。比如个人投资者往往缺乏自控能力，只图回报，却看不到风险。所以理财师在为客户做规划时，会更关注组合的风险与回报，帮助客户更理性和客观地认识并对待风险。

再次，教授理财方法与技巧。专业的金融知识、丰富的投资经验、大量的时间精力，非一朝一夕和每个人都能达到。而理财师却能"授之以渔"，给出战略性的投资指导意见，助自己挖掘理财目标，在实实在在的回报中，获得更多的理财技巧。

## 理财小贴士
### 如何选择理财师

目前，由于受从业领域、工作阅历、知识水平、理财观念等因素影响，理财师的资质和水平可谓参差不齐。所以，如何选择理财师，是一个很关键的问题。那么我们在选择理财师时，到底应该从哪些方面来判断其优劣呢？

### 首先，要审查对方的资格

就目前的社会情况来看，我国的信用状况并不是很好，而且各行各业的资格证书名目繁多，含金量不尽相同。所以对于投资者而言，仔细审查理财师的资格证书，是选择的第一步。就目前来看，像注册金融策划师（CFP）、特许金融分析师（CFA）是国际公认的高含金量证书，另外，香港注册财务策划师（RFP）、国际认证财务顾问师（RFC）、特许财富管理师（CWM）等，也是含金量较高的理财证书。

### 其次，要考察其知识是否全面

一个优秀的理财师，应该是"全才+专才"——既能系统掌握经济、金融、投资、法律知识，可为客户提供更全面的咨询与委托服务，又有某些方面的特长，比如保险、证券，给投资者带来最理想的收益。

### 第三，要看他是否有丰富的实践经验

一个理财师，光有含金量高的资格证书和广阔的知识面，还不足以帮助客户达成理财目标。因为理财规划是一门实践性很强的业务，理财师不仅要懂理论知识，还要能付诸实践。因此，实践经验是否丰富，是客户选择理财师的又一个重要标准。

### 第四，看他的身份是否独立

对于积蓄较多、资产增值愿望强烈的富裕客户来说，选择的理财师，身份独立，不专属于银行、保险、基金公司等某一机构，也是选择标准之一。因为在银行、证券、保险公司工作的理财规划师，在为客户进行理财规划的同时，或多或少都有推销产品的目的，这是客观存在的问题。而那些不依附于任何金融机构的理财师，则更能站在客户角度，设身处地地为客户着想，做出的理财方案也能涵盖基金、保险、债券、信托、税务等多项内容。

### 第五，要看他是否善于和客户沟通

一个称职的理财师，会经常跟客户沟通，全面了解客户财务以及生活上发生的变化，以结合市场，为其合理分配资产，或及时调整理财方案，使资产最大程度地增值。因此可以说，选择一个善于与客户沟通的理财师，是使财产保值增值的最佳途径。

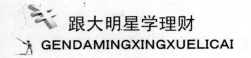

### 第六，要看他与自己的契合程度

选择理财师，最好的，未必就是最适合自己的。因为两个人的契合度很重要，契合度高的人在一起，他很容易就能从你的话语中明白你的理财需求，从而帮助你更好地理财；而契合度差的人在一起，同样的话，理解上可能就会出现偏差。因此，那些能成为客户理财搭档和朋友的理财师，理财效果往往更好。

### 最后，要看他是否具有良好的职业道德

从理财师的角度讲，客户乃"衣食父母"，因此，一个具有良好的职业道德的人，会以客户的利益为中心，时时刻刻为客户着想，"把客户的钱当成自己的钱"，并且懂得保护客户隐私，而不是口无遮拦，到处宣扬。

# 刘若英，朋友联袂投资最稳当

刘若英算不上标准的美女，却是那种越看越舒服、越品越有味道的女人，就像一杯茶，虽无红酒的妩媚，咖啡的醇香，却自有一种独特的芬芳，让人回味。

从当初《对爱痴狂》的敢说敢爱，到《我的美丽和哀愁》的孤芳自赏，再到《一辈子孤单》的内心独白，最后低调嫁得有情郎，刘若英一直是简单地随着自己的心在走。

刘若英的这种简单和随心，不仅表现在感情和生活上，也体现在了理财上。与娱乐圈众人争先恐后地开店、炒房、开公司相比，她的理财方式非常简单：收入的50%存银行，30%用来花，20%留给朋友去借。

对于把收入的一半存银行，刘若英解释说："我从小对管钱就没什么概念，现在平时工作又那么忙，让我天天盯着股市、基金根本没时间，要朋友帮忙理财也挺不好意思的，万一赔钱了还要人家内疚，还不如存在银行吃利息心里踏实。"

对于用来消费的那30%，刘若英花得最多的是买书的钱，其次是吃，最后才是穿。对于她来说，衣服越简单自然越好，舒服第一，因此，她最喜欢的就是棉质的衣服，家里的睡衣也都是穿了很多年的旧衣服。这与娱乐圈人人用衣服首饰抬身价，用名牌化妆品葆青春恰好形成了鲜明的对比。

由此我们也可以看出，刘若英在花钱方面算是属于节俭型的，而她的

节俭还表现在很多细节上。比如就有媒体曾爆料刘若英在酒店自己洗衣服，说她"抠门"，刘若英回应此事时，丝毫不掩饰自己的"抠门"，她说："我是经常自己在酒店中洗衣服，因为只要一宣传新片，我几乎就满天飞，经常半个月也不落地。送洗衣服根本来不及，只能自己洗。明星也不一定一件衣服穿一次就扔啊。有些东西不能太过分，圈里的习气，好的可以学习，不好的干嘛要跟风？"

虽然对自己"抠门"，可是对朋友，刘若英却大方得很，这不，在她的"532法则"中，那20%的收入就是用来借朋友的。虽然刘若英在做此事时没有想过回报，但是在人缘和口碑都至关重要的娱乐圈，这种对友情的无形投资，往往换来的是真金白银最实在的回报。也正是因为如此，当她偶尔想要出手过把投资瘾时，身边的朋友们立刻成了强有力的联盟。

因此，刘若英的"532法则"看起来毫无实用价值，实际上却暗藏着很多的理财观念在里面，非常值得我们学习。

## 刘若英理财观之一：书中自有黄金屋

书中自有黄金屋，这是古人告诉我们的道理，它在刘若英的身上，得到了最好的体现。刘若英爱书，也舍得在上面下血本。认识刘若英的人都知道，她虽然在其他方面比较节省，但在买书方面绝不会手软。据说，刘若英的书房早已摆满了她自己都数不清的各种书籍，还有很多已经装到了大大的木箱里，而她最喜欢的人物传记则会被珍藏起来。

腹有诗书气自华，正是因为对书的钟爱，刘若英才会因着浓浓的书卷气和知性魅力，让她在美女如云的演艺圈中脱颖而出。演艺圈的艺人有些是靠脸蛋和青春吃饭，而刘若英却以内涵花开不败，四季常青。单从这一点来看，买书这一投资绝对是物有所值。而事实上，刘若英对书籍的投资，不仅提升了自身的无形资本，还得到了直接的利益——名气和稿费。

她的《一个人的 KTV》、《下楼谈恋爱》、《我想跟你走》等几本书一出，都是大卖特卖，可谓赚得满盆满钵。因此，买书是刘若英最大的投资，也是她最成功的投资！

### 理财师点评

对于一个艺人来说，艺术生涯的延续也许是他们最大的投资目的。因为只有艺术生涯不停止，钱财才会源源不断。容颜易老，内涵的提升却是无限的。而内涵的提升，则与知识息息相关。

对于我们普通人来说也是如此。若要投资，应该先想到自己的职业素养，因为这是一个稳赚不赔的买卖，它只能让你的职业生涯越走越好，钱越赚越多，而不存在风险。因此，唯有多多读书和学习，让自己的专业知识更加丰富，才保得住收入不断。

## 刘若英理财观之二：对友情的投资不可少

1995 年，刘若英凭借在《少女小渔》中的精彩表演，一举登上当年亚太影展影后宝座。后来，她又先后获得 1996 年亚太影展最佳女主角奖、1997 年东京影展最佳女主角奖、1998 年台北金马影展评审团特别奖、1999 年亚太影展最佳女主角奖等奖项。但在"影后"光环的照耀下，刘若英并不快乐："那些工作带给自己很多困惑，很迷茫，不知道是不是该丢弃自己原来坚持的一些东西，去接受一些自己都不相信的事情。"所以，在接下来的两年中，刘若英并没有工作。没工作，饭还得吃，怎么办？于是她就去唱片公司，等人家下班"蹭盒饭"。

也许是因为这段"蹭盒饭"的经历，让刘若英深深意识到了"朋友"的重要性。所以，当事业慢慢步入正轨后，她不惜拿出收入的20%留着专门借朋友，以解朋友的燃眉之急。虽然刘若英投资友情与"利"字无关，

但在口碑和人缘都至关重要的娱乐圈，她的做法却给自己带来很多实实在在的利益——朋友多了，工作的机会自然也就多了，从而有了更多的赚钱机会。如今，刘若英能升级为千万富婆，朋友的助力绝对不能小觑。

### 理财师点评

俗话说，朋友多了路好走。纵观古今，任何一个成大事者，身后总有一群朋友，或者说一个团队。尤其是在如今这个信息化的时代，无论是投资理财，还是混职场做事业，单打独斗都是不行的。唯有广交朋友，才能收获多多。而刘若英之所以能财源不断，最终成为千万富婆，正是因为她理性地摆正了金钱与朋友的关系。从最初的引路人陈升，到发现她这匹"千里马"的"伯乐"张艾嘉，再到圈里的刘德华、罗大佑……刘若英与这些人的友谊，不仅让她收获了快乐，更让她收获了一个又一个成功的作品，同时身价也水涨船高。

所以，聪明的投资人，一定不会忽略对友情的投资。

## 刘若英理财观之三：朋友联袂投资最稳当

在日常的投资理财中，很多人喜欢吃"独食"，对于自己看好的投资项目，生怕被别人分了利益，所以往往喜欢单打独斗。但这有一个很大弊端，就是风险大——获利自然可以独享，亏本也只能自己一人承担。

刘若英早就意识到了这一点，所以当她偶尔做一点投资时，都是跟朋友联袂出手。比如几年前，她就和张艾嘉一起购买了上海肇嘉浜路沿线的新加坡美术馆公寓，当成龙、梁家辉、关之琳、林忆莲、吴奇隆、罗大佑等这些港台歌星都先后在北京买房时，刘若英也是紧随其中。此外，投资时喜欢"扎堆"的刘若英，还随朋友在北京开办了公司。她说："和朋友联袂投资，赚的未必是最多，但是最稳当的。"

## 理财师点评

与朋友联袂投资，不但分担了风险，也可节约自己投入的时间。如果是合伙创业，优点似乎更明显一些：首先，它能减少初期投资；其次，遇事有人商量；再次，它还会因为不同的社会圈子，给生意带来一些无形的帮助，从而增加业务量。

然而凡事皆有利弊。合伙投资的好处显而易见，弊端也不容忽视。尤其是合伙投资开公司或做生意时，很容易因每个人的意见不能达成共识，而把不满积压在心底，最后大爆发。另外，金钱最能让人反目成仇，如果合伙人之间在利益上一不小心分配不合理，就很可能引起彼此的矛盾与不满。所以，我们普通人搞投资，要不要跟朋友联手，一定要谨慎考虑。

## 朋友合伙办公司五忌

对于资金不足、资源不充分的人来说，拉个朋友合伙办公司，的确是个不错的办法。但利字头上一把刀，如果开始合伙时思虑不周，日后很容易引起纷争。根据过去的诸多案例，跟朋友合伙办公司有几点最忌讳：

## 第一，忌不做充分市场调查，盲目合伙

盲目合伙的结果是，一旦经营出现亏损，遇到心理及经济承受能力差的合伙人，往往会出现埋怨、责备，引起纠纷。如上班族李某在王某提议下，倾其所有积蓄，与王某合伙开了一家外贸公司，因没经验、货源不足，出现了较大的经营亏损，李某遂埋怨、责备王某，提出退伙，遭拒绝

后，昔日的朋友现在只能对簿公堂。因此，与朋友合伙时，一定要对对方有个全方位的了解，最好选择大度、明理之人。

### 第二，忌不订协议，草率合伙

许多人法律意识不强，在合伙开公司时，凭义气办事，什么事只是口头说一下，却没有把协议落实到纸上，对合伙人的盈余分配、债务承担、退伙，合伙解体时的财产分配等均无明文规定。这很容易成为日后产生纠纷的原因。因此，与人合伙投资时，书面合同一定不能马虎。

### 第三，忌一方私自处理合伙经营的财产

如李甲与孙丙合伙开了一个图书公司，效益不错。但某日，李甲却瞒着孙丙，将公司的一批新书以最低折扣发给了朋友。孙丙发现后，要求李甲要回差价，李甲却认为自己有权发售新书，双方争执不下。无奈之下，孙丙只能把李甲告上了法庭。所以，与人合伙经营公司，无论做什么决定，都应建立在互相商量过的基础上。

### 第四，忌不讲信用，坑害对方

可以说，信用，是合作的根本，如果人言而无信，那么合作很难继续。刘丽、方艳是同事，向来关系不错，二人辞职后，商议合伙开一个美容店。双方约定各出资 5 万元，刘丽负责租门面和装修，方艳负责买设备。合伙协议签订后，刘丽很快花数千元租金租了一间门面，并投入 3 万元进行装修。但这时候，方艳的资金却迟迟不到位。刘丽几经追问，方艳突然反悔，提出不愿合伙。没办法，昔日的好姐妹最后只能分道扬镳。

### 第五，忌账目不清，手续不全

很多人由于不懂会计知识，致使账目混杂不清，最终导致合伙人互相不信任。李某和孙某合伙开了一家网店，由于每天进、出货的账目繁多，双方协商由李某做账。但李某在单位一直从事文字工作，从没有接触过财务。因此，李某做的账目很混乱，常出现漏记、少记营业收入的情况，引起了孙某的猜忌，不到半年时间，双方就散了伙。因此合伙经营时，必须做到账目公开，便于互相监督。

# 林心如，只要看得见的投资

自从在《还珠格格》中扮演温柔美丽、才情满腹的夏紫薇一举成名后，林心如不但在片酬上一路水涨船高，在事业上也是不断有新的突破。从做广告代言，发售唱片，做主持人，出演话剧，到自己开工作室，变身为制作人，可谓顺风顺水。

2011年，林心如作为制片人的首部作品《倾世皇妃》，以最高1.9%的收视成绩，成功卫冕全国同时段收视冠军，同时又创下8天播放量破亿次的记录。至于究竟赚了多少钱，林心如在该剧热播的时候，就难掩喜色地透露，已经赚到投入3000万成本的两倍利润。连此剧的投资人之一张珺涵都很有成就感："一般投资回报率有30%到50%已经很好了，这部戏的投资回报率有100%。"

说起对钱的态度，目前已身家过亿，有"吸金器"之称的林心如并不像某些明星那样刻意回避，她非常明确地说："没有钱是万万不能的。身边有钱，花的时候才不会委屈自己。"她直言自己是个比较爱花钱的人："女孩子都喜欢买衣服什么的，比如这个衣服如果很贵的话，我就会给自己个理由；比如前阵子拍戏很辛苦啊，就奖励自己一下；或者知道有个活动可以赚点钱啊，就提前满足自己一下啦！"

大概正是因为爱花钱，所以林心如对理财颇为重视，也有自己独到的见解，认为财富要放在不同的篮子里，这样才比较安心。

"其实我很早就出来赚钱了。16 岁那年我拍了一个关于茉莉绿茶的广告，5000 块台币（1000 多块人民币），但要交公司 30% 的抽成，10% 的税，结果 3 个月后才收到剩下的一点点钱，最后请同学吃饭就花完了。"

林心如坦言，那时的她对财富完全没有概念，真正开始理财应该是在 2001 年后。那时林心如凭借在《还珠格格》中的优秀表现一举成名，接拍了好多广告，手里已经积蓄了很多财富，她做的第一件事情是给家里买房子。林心如说其实这个算不上投资，只是希望给爸妈一个更好的生活环境。

由于工作的关系，林心如并没有太多的时间和精力放在理财上，所以，除了买房子，她几乎把所有的收入都交给了父母，让他们帮自己理财："我爸爸在银行理财师的建议下，会购买一些理财产品。比如一些基金定投啊，比如重大疾病保险啊，但我爸爸属于很保守的人，他选择的理财产品也是那种回报不高但很稳妥风险很小的。"

## 林心如理财观之一：只要看得见的投资

在众多的明星当中，喜欢玩股票的大有人在，靠股票大赚了一笔的，也不是没有，比如女演员胡可、陈好，都被爆是炒股高手，尤其是"万人迷"陈好，还曾缔造出日赚千万的炒股传奇。但是股票是个高风险的投资，因炒股而赔得一塌糊涂的明星并不在少数，像台湾女明星曾宝仪，就是因为投资股票失败而使得数千万有去无回；香港艺人李嘉欣，则更是炒股炒得损失逾亿港元。

林心如在理财方面向来谨慎，所以，几年前，当有记者问及是否在大牛市中大赚一笔时，林心如头摇得像拨浪鼓似的："我从来不买股票。因为我觉得把钱投在一个我看不见的不是实体的东西上，会觉得心里很没有底！"她表示，与股票相比，她更热衷于房产投资，"因为看得见啊，我前不久就刚把我在上海的房子卖掉，北京的这套很小，还是打算自住。"

据知情人透露，几年下来，林心如已在上海、北京等地买了好几套房子，并全部是低价买入，到现在已涨了不少。

### 理财师点评

在各种网络交易和虚拟投资中，实物投资可算是最明明白白的一种理财渠道，所有投资都看得见摸得着。它相比于虚拟市场投资失败后可能出现的"血本无归"，至少还有东西去拍卖保本，的确能让人心里更踏实一些。但是否所有实物投资都没有风险呢？也不尽然。就拿林心如热衷的房地产来说，虽然它是看得见的东西，但楼市价格大幅下滑的情况不是没有。亚洲金融危机时，香港房地产市场就套牢了很多精英人士，香港影星张卫健甚至因此险些破产。所以，对于普通的投资者来说，投资实物也要谨防风险，因为随时出台的一条政策或者相关法规，都会影响实物性投资价值的变化。另外，也要注意投资物本身，比如投资金条，应该注重金条的成色和规格，权威机构出售更有保证；投资房产，就要看城市和地段，等等。

## 林心如理财观之二：更值得投资的"人心"

实物投资的范围很广，除了房产、金银，还可投资商业经营，如入股他人公司、合伙经营、参与公司融资、机动车买卖等。所以，"只要看得见的投资"的林心如，除了投资房地产，另外一项大的投资就是她的工作室了，而且还做得顺风顺水，成了明星做工作室最成功的典范。

那么，是什么让林心如把工作室这项投资做得如此成功呢？其实，这要归功于她的另一种投资——对"人心"的投资。林心如的好人缘在演艺

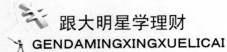

圈有口皆碑，不但与她合作过的明星们都喜欢跟她做朋友，她手底下的工作人员也是对她称赞有加："林老板舍得花钱！人好！"

在她看来，工作室不单单是艺人的公司，更像一个教室、后厨和卧室。"抛开围墙，我觉得员工就像艺人的家人一样保护和照顾着艺人，你为团队提供的不是一个空间，而是一个梦想地，与此相比，贵一点的租金就没那么重要了。"正是因为这种理解和感恩的心态，让林心如对待员工格外大方，不但给的工资高于别的明星工作室，还经常提供各种福利，比如2011年春节，林心如就为员工提供了去泰国旅游的往返机票，以感谢他们的辛苦付出。

## 理财师点评

管理者的"人缘"、"人心"，看起来是虚无缥缈的东西，但它对于一个公司、团体来说，却是一大制胜宝典。因为它带给你的回报是看得见的，那就是员工的积极与感恩。而员工这种积极和感恩带来的直接收益，就是帮公司创造出更多的财富和价值。所以，从某种角度来说，对"人心"的投资，其实也是一种看得见的投资。至此我们不得不承认，林心如的确是个聪明的投资者。

### 理财小贴士

### 实物投资"要知道"

像任何一种投资方式一样，实物投资中也隐藏着大学问，如果能走在市场前面，其所创造的经济效益，往往是其他理财方式所不可比拟的。但如果盲目投资，则很难获益。所以，投资者在做投资之前，最好知道以下三点：

### 第一，要知道"时间是证明实物投资价值的条件"

虽然资本市场每天瞬息变换，但实物投资更注重价值投资，更能经历时间的考验。就好比你投资了一幅吴冠中的油画，买入时是50万，过了一段时间，受金融风暴、大众审美风格转变等影响，可能会降到40万，但这并不代表这幅画就会赔钱。因为它是名家之作，是能经受的住时间考验的东西，可能没过几年，立马就升值好几倍。所以，实物投资，通常都属于长线投资。

### 第二，要知道"物以稀为贵"

投资实物，需要清楚其供求变化，越是供不应求的东西，其价值越大，增值也越快，但投资增值的风险也越大；反之，如果是供大于求的东西，则增值空间很小。比如现在有很多人看某些白酒增值很快，便也开始投资白酒，无论是普通的二锅头，还是昂贵的茅台、五粮液，全都藏进柜子里，等待增值，可到最后才发现，真正能增值的，只有少数市面稀缺的品种。

### 第三，要知道实物投资也有风险

实物投资也有风险，风险的大小往往根据个人的投资眼光、投资决断等因素而变。以房地产投资为例，如果眼光好，选对了楼盘，房产才有升值的空间；但如果眼光不佳，楼盘选错了，没有升值潜力，那么也有可能亏本。再比如最常见的餐饮类投资，不仅要全盘考虑实体店的发展潜力，还要考察经营者的管理能力，不然即使是小投资，也有可能失败。

# 张梓琳,理财方式须因人而异

　　她是第一个成为世界小姐冠军的中国名模,在全球参与募集的善款早就超过了3200万美元,是世界小姐历史上筹得善款最多的一位。对于张梓琳,国外媒体的评论是:"刘翔让世界知道了中国人的速度,姚明让世界看到了中国人的高度,张梓琳让世界欣赏到了中国人的美丽。"

　　但是这个从名牌理工类大学走出来的职业模特,并没有因此而变得傲慢和盲目,更没有像其他人那样急着用名牌包装自己。"赢得这次比赛后,张梓琳和比赛前没有发生任何变化,她照样从不耽误上课和训练,和我们一起到学校附近的批发市场挑选便宜的衣服和小装饰。张梓琳很节俭,在学校的公开场合从不化妆,她买衣服还挺能侃价。"张梓琳的室友赵雪说。

　　大概正是这种不张扬和节俭的个性,让张梓琳从一出道就对理财有着清醒的认识。她认为,在理财的过程中,消费和投资是两个重要的方面。合理的消费观,往往是理财的第一步。"我属于比较保守的女性,并且对于金钱不是非常敏感,我的消费观点是:在量力而行的前提下,适当满足自己的喜好。"

　　"如果有足够的经济条件,适当购买一些奢侈品也是可以的,它的品质感是一方面,你还可以把它当做对自己努力工作的奖励,这会令你十分开心。但我并不赞成一味地追求奢侈的生活,我觉得每个人都应该对自己的花销有一个计划,把钱花在最有意义的地方。"张梓琳又解释道。

提到"意义"，张梓琳说自己每年较大的一笔开支，就是用在出游和度假上的费用，"我喜欢和家人、朋友一起旅游，虽然费用较高，但我觉得这是值得的"。

而对于投资，张梓琳坦言涉及的并不多。她说，2009年，她给自己买了一套公寓，那是她的第一次投资经历，也是第一次大额开销，花光了仅有的积蓄，还贷了一大笔款，"感觉有些不安，但也很兴奋"。

可即便如此，张梓琳对于投资理财，仍然有自己独到的见解，那就是：理财方式应因人而异，不同的人要有不同的理财方式，并且从不同的方面进行了阐述。

## 张梓琳理财观之一：投资理财应根据风险承受能力而定

娱乐圈里的有些人在理财方面比较盲目，不管自己有没有那个实力，就跟风炒房、炒股、搞艺术品收藏……无所不到。但张梓琳却选择了把一部分钱交给父母打理，一部分自己用来买理财产品。对此，她有自己的理由："我觉得投资理财应该根据个人的抗风险能力来进行，如果承受能力强，可以考虑一些风险较大的投资；反之，应该选择银行理财产品、债券、基金或是保险一类相对稳定的金融产品。"

### 理财师点评

对于风险承受能力，可以从两方面来理解：首先，在一项投资中，你能承受多大的波动？在起起落落的账面变化中，你能否不违背投资的初衷？其次，一旦风险变成实际的亏损，是否会极大影响你的情绪和生活水平？

由此，我们可以看到决定风险承受力的三要素：投资目标、客观状况、风险偏好。但通常情况下，个人根据这三要素评估出的风险承受水平

并不准确，因为这里面往往有"自以为"的因素。而且随着年龄、投资期限、投资目标等因素的不同变化，承受水平也会发生变化。所以，投资者最好寻求专业人士的协助，了解自身的风险承受水平，从而制定出最适合自己的理财方案。

## 张梓琳理财观之二：
## 不同年龄段的女性应有不同的理财方式

张梓琳在阐述她的理财观时，还特意提到了女性理财。她认为，不同年龄段的女性，应该有不同的理财方式和方法。比如年轻女性应当合理支出，建立良好的储蓄习惯；中年女性多半已经拥有一定的储蓄，可以适当考虑让资产增值，例如投资股票、债券及银行理财产品等；年长的女性则应当注重财产的保值，积累自己的养老金，减少高风险的投资，适当选择固定收益的理财产品。"不管在什么样的年龄段，不管挣钱多少，学会理财都至关重要，找到适合自己的理财方式更为关键。"张梓琳最后总结道。

### 理财师点评

诚如张梓琳所言，女性理财，不同的年龄段，应该有不同的理财方式。

就 20～30 岁的年轻女性而言，由于刚工作不久，理财目的大多与进修、旅游或储备结婚经费有关。所以储备资金是重点，收入的一部分可存入银行，还可以投资一点信誉较好、收益稳定的优质基金，另外，再投保一些保费较低的纯保障型寿险或住院医疗、重大疾病等健康医疗保险。

30～50 岁的中年女性，由于"上有老、下有小"，承受着较重的经济压力和精神压力，理财目的大多集中于家庭开销、子女教育、赡养父母等方面。因此可以从健康医疗、子女教育、退休养老等三方面为自己作理财规划，如参加银行的教育储蓄，继续购买医疗保险等。如果参加炒股、买卖期货、买卖外汇等风险性投资的话，资金不宜超过家庭年收入的1/3。购买保险的总保费支出应约占家庭收入的1/10，保险额度约为家庭年收入的 7～10 倍。

50 岁以后的年长女性，此时大多已退休，或退休返聘，工作上相对轻松，同时子女大多已独立。理财目的集中于支持子女的事业和家庭，保障自己的老年生活，因此可以从事一些房产方面的投资。因为房产投资往往需要较高的投入，收益期长而稳定，与老年时期的生活、经济需要相吻合。

## 家庭理财也要"因家"而异

对于个人来说，不同的人，要根据自己的情况选择不同的理财方式。事实上，家庭理财也是这样，因为不同类型的家庭，抗风险能力也是不同的，只有"因家"而异，才能在保证正常支出的情况下，达到资产保值增值的目的。

### 年轻家庭可做基金定投

对于年轻白领的家庭来说，应该用有限资产，坚持长期投资，选择基金定投是最简单有效的分散市场风险的投资手段。另外，作为事业刚刚起步的年轻白领，职业规划才是真正首要的致富之道，适合自己能力特点的、稳定的职业必将带来持久的财富。

### 中年家庭可投资多元化产品分散风险

中年家庭持有的投资资产应该多样化，这样有利于分散风险，比如可

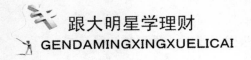

以尝试债股组合、银行理财产品以及黄金、收藏等投资领域。在职业或专业领域寻找能够带来附加收入的工作项目，利用好业余的时间和成熟的技能，在日常生活中找到可以节约的地方，制定更加细致的开支规划。

### 自主创业者家庭要注重保险保障

充分发展和利用自己的特殊才能和经验是自主职业者最重要的法宝。如果时间、资金、精力都有限，那么优先投入到所从事的实业本身中，是最合理的。在所有的投资理财项目中，创办实业是回报率最高的生财手段。但是，养老、医疗保障往往是这类家庭最敏感的问题，因此，为自己和自己的事业进行适当的保险保障，虽然增加了一些成本，却没了后顾之忧。

### 低收入家庭应从开源节流起步

这类家庭一方面要争取资金收入，另一方面要计划消费、预算开支，养成勤俭节约的习惯，积极攒钱。比如在采购前作好清点，避免买回一些不需要的东西，在日常生活中使用一些节能、节水设施等等。另外，也要买一些纯保障或偏保障型的保险做好家庭保障。

### 高收入家庭应把闲钱变活钱

这类家庭应该改变单纯储蓄的习惯，逐步把存款改换成银行理财产品、货币基金、股票型基金，还可以根据市场行情，在专家的指导下择机选择一些较高收益的指数型基金产品。保险也可以作为家庭投资资金的一个重要流向，可以说保险是富裕阶层防止财富意外流失的必需品。

### 老年人家庭可以房养老

老年家庭最大的经济压力可能还是来自医疗费用，从合理配置家庭财产的角度，盘活目前已价值不菲的老房产是一个很好的路子。其次，必须懂得安享晚年不能只规划钞票的道理。老年人规律的起居、健康的饮食、轻松快乐的心情、丰富的退休生活，都是高品质晚年生活的重要内容。

# 第二章
# 理财从节流开始，明星消费也精打细算

　　在很多人的印象中，明星似乎总是和奢侈的生活画上了等号，以为明星大腕都是开名车、住豪宅的大款，一掷千金，花钱如流水。其实并非如此，事实上，很多明星在消费时都非常懂得精打细算，平日里的生活也多奉行"能省则省"的原则，还有一些"抠门"明星，甚至让我们这些普通大众都自叹不如。而有些明星虽然收入不菲，却因为"不会花钱"而每每负债。所以，成天抱怨自己挣钱太少或"无财可理"的人，不妨学学明星们的节俭之道，给自己的日常消费来个大瘦身。

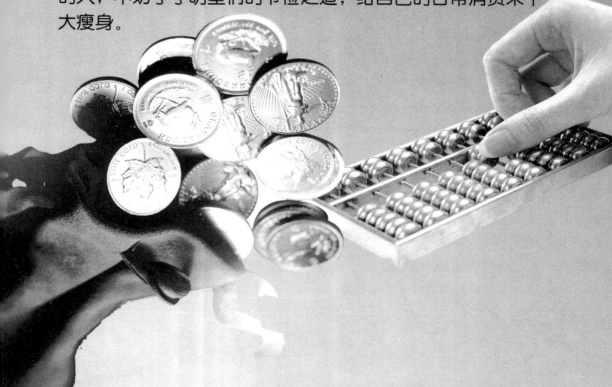

# 蔡依林，不砍价不成魔

"小天后"蔡依林的代言费高得惊人，2007年便动辄千万，所代言的项目，从沐浴乳、洗发乳、机车、汽车、隐形眼镜清洁液、线上游戏、电视、服饰到汽车，涉面颇广。

出唱片、代言、商演，林林总总加起来，曾将蔡依林推上台湾最赚钱女艺人的宝座上，而且一连4年都不肯把"流动小红旗"让出来。然而，就是这样一个超级大富婆，在生活方面却颇为精打细算。

据说，她每月伙食费只花1000多元，包括偶尔请同事吃涮锅；出门有助理保姆相陪，交通多搭保姆车或计程车，几乎都由公司付钱；她很爱名牌，消费却很节制，平均每月消费1万多元人民币，算是最大开销，加上爱犬"屋虎"教养费用月花合3000多元，每月生活花费全部算下来也才2万多元。

当然，节俭是一种美德，精明却是一种习惯。蔡依林在理财方面的精明之处，就是在购物时绝不让自己吃亏——不砍价绝不出手。

有一次，蔡依林在香港逛街时看中了两双靴子，便要求老板卖个面子给她打折："至少也要打8.5折吧？"但老板坚决不买账，于是蔡小姐黑面离开，一点都没有犹豫。

其实，在娱乐圈，会砍价的女明星不少。比如范冰冰就说，自己是个购物狂，不仅喜欢购物，还跟普通女生一样喜欢砍价，并自认为是砍价高

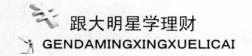
手，可以把原本 300 元的衣服砍到一半以下。但若论起砍价的手段，蔡依林绝对是个高手中的高手。那么作为砍价达人，蔡依林到底有哪些招数呢？我们不妨一观。

## 蔡依林砍价绝招之一：幽默应对"捧杀"，坚持砍价

有一次，蔡依林赴韩国拍摄 MTV，在辛苦排舞之余，她也喜欢游逛首尔的知名购物区。一天，练舞结束后，已是半夜，蔡依林仍然兴致勃勃、披星戴月地杀到东大门"扫货"。东大门是首尔赫赫有名的购物区，店家几乎都开到清晨五六点。

有一家服饰店老板是华人，她看到蔡依林，立刻使出"捧杀"第一招："只要是华人来买，我都 8 折优惠，绝对是最便宜的。"这招对一般同是华人的顾客是很有杀伤力的，可是蔡依林是砍价行家，当然不为所动，知道 8 折肯定不是店家的底价，一边感谢老板一边坚持砍价。

老板定睛一看，发现对面的人长得好像天后蔡依林。他当然没有想到是小天后本人，于是立刻想到了"捧杀"的第二招：突然走过来，很小声地对蔡依林说："你长得好像蔡依林喔，特别是鼻子跟眼睛，所以别人 8 折，你 7 折！怎么样？"

蔡依林当然很开心，但是凭借丰富的砍价经验，她知道这时候决不能顺着店家的套话走，那样就失去了砍价的主动权。于是她笑着回说："很多人说我长得很像，但是我比她漂亮啦！所以可以 5 折吗？"

店家："啊！（表示无语）"没想到"捧杀"对眼前这位漂亮的姑娘一点作用没有，最后只得以 5 折成交。

### 理财师点评

许多人在街头购物中其实都有过被老板"捧杀"的经历：一上来，店

家就把你夸得像一朵花，说得你心里美滋滋的，以至于都不好意思大大地砍价了，最后只好心里滴血，做个冤大头。

比如你去买包包，店主会说："美女，你在外企上班吧，这个包包非常适合你的气质，许多和你一样的高级白领都喜欢。"这就是店家的手腕：先夸你气质好，再夸你职业好、收入高，既讨了你的欢心，又提前堵住了你讨价还价的嘴。

而蔡依林的聪明之处就在于，她已经吃透了店家的心思，所以只是把店家的夸奖礼貌地全盘接下，再幽默轻松地要求店家给你更多的优惠。当然，如果想砍价的效果更好些，最好再抛给店家一点"念想"。

比如下次你再去买包，当店家殷勤地对你说"美女，你在外企上班吧，这个包包非常适合你的气质，许多和你一样的高级白领都喜欢"时，你就可以回答她："是呀，我们好多同事都想买，让我先来看看哪家的便宜，可以打5折吗？如果可以，我回去告诉她们，都来买！"

## 蔡依林砍价绝招之二：先砍一半，不成最多再加二十块

曾有记者采访蔡依林，问到她的砍价功夫。蔡依林很自信地回答说："我一般都会一上来就砍一半，如果不成最多再加20块。当然，遇到特别喜欢的也有例外的时候。"

### 理财师点评

对于不会砍价的人来说，出半价是个有点让自己心怯的做法，尤其是那些砍价菜鸟，就从不敢把价格杀得这么低，生怕遇见彪悍的老板，把自己骂得狗血淋头。但后来的事实证明，半价不同意，大不了再给涨一点点，有什么呢？不过根据蔡依林所言，就算加价，最多也不能超过20块，这对于要价几百块的东西，是个底线了。

**理财小贴士**

## 砍价五招

在日常生活中，关于砍价招数，除了蔡依林用到的，其实还有很多，下面归纳出几招，大家不妨也学习一下：

### 第一招，不要暴露你的真实需要

有些人在挑选某种商品时，往往当着卖主的面，情不自禁地对这种商品赞不绝口，这时，善于察言观色的卖主就会"乘虚而入"，把你心爱之物的价格提高好几倍，不论你如何"舌战"，最后还是"愿者上钩"，待回家后才感到后悔。

因此，我们在购物时，要装出一副只是闲逛，买不买无所谓的样子，或者当你看好某商品时，先随便问一下其他商品的价格，然后突然问你要的东西的价格。这种情况下，店主通常都会报出较低的价格。

### 第二招，杀价要狠

漫天要价是一些店主欺骗顾客的重要手法之一。他们开价比底价高几倍，甚至高出二三十倍。因此，杀价狠是对付这种伎俩的要诀。比如，有一套西装，卖主要价888元，如果你不懂其中关窍，一给就是500，那肯定会买贵，而懂得狠杀价的人，可能给228元，也能成交。

### 第三招，尽量指出商品缺陷

任何商品不可能十全十美，卖主向你推销时，总是尽挑好听的说，而你应该试着用最快的速度把你所想到的该货品的不足列举出来。一般的顺序是式样、颜色、质地、手工……总之要让人觉得货品一无是处，从而达到低价成交的目的。这是非常考验你功力的一招，需要慢慢积累经验。

### 第四招，运用疲劳战术

在挑选商品时，可以反复地让卖主为你挑选、比试，最后再提出你能接受的价格。而这个出价与卖主开价的差距相差甚大时，往往使其感到尴尬。不卖给你吧，又为你忙了一通，有点儿不合算。在这种情况下，卖主往往会向你妥协。

### 第五招，运用最后通牒和夺门出走战术

若卖主的开价一直不能使你满意，你可发出最后通牒："我的给价已经不少了，我问过别的店，都是这个价！"说完，立即转身往外走。这时候，店主为了不让快到口的肥肉丢掉，会立刻减一点价，此时千万别回头，照走不误即可。这时，卖主往往是冲着你大呼："算了，卖给你啦！"或者继续说出一个低价，这种情况下，你再回去，"动之以情，晓之以理"，基本就可以以满意的价格得到喜欢的商品了。记住，走，是砍价过程中最后必用的一道程序。

当然，这是针对可以讨价还价的店铺而言，如果是在明码标价的商场，那么这些招数就用不上了。不过，有些品牌往往会对他们的会员有相应的折扣。所以，你如果想省钱，也可以跟他们的导购好好商量，一般情况下，只要可以，他们都会给你个会员折扣的。

# 袁泉,坚持平民消费

　　袁泉是演艺圈不可多得的明星之一，她注重个人修为，无论大荧幕、电视剧还是舞台剧，都掌控得游刃有余。虽然事业前途不可限量，广受业内好评，她的私生活却低调平静，与夏雨携手多年之后，如愿以偿走入婚姻殿堂，并幸福拥有了爱的结晶。

　　就像她低调内秀的性格一样，袁泉在理财方面也同样波澜不惊。就拿股票来说，袁泉参与股市投资并不像其他人那样急功近利，渴望从中一夜暴富，而是把炒股当做存点钱，大不了放上几年，从不多动。她的性格反映在投资上是不急不躁的一份冷静，其他股票随着市场走稳又都开始飞天了，她持有的绩优股曾经很长时间都没有什么动静，时间久了很多人都没拿住，可今天再一看，相信很多有经验的老股民都会叹息当时自己抛早了。这种沉得住气的作风使得袁泉节省了不少手续费，同时也镇定自若地笑到最后。

　　袁泉投资是这样波澜不惊，消费也是这样波澜不惊。她涉足多个领域，无论电影、电视剧、话剧、广告还是唱片，几乎演艺领域中可以尝试的工作都有她的身影，看起来似乎收入不菲，但她从不大肆张扬，而且深知"开源节流"这句话的道理，坚持平民消费，把自己和老公辛辛苦苦拍戏赚得的钱用到关键的地方。

## 袁泉节流绝招之一：买衣服去批发市场

可能在我们的印象中，大明星都穿名牌，买衣服即便不去名品店，至少也得去大商场。而事实上，并非所有的明星都这么奢靡。这不，前几天，向来坚持平民消费的袁泉驾车来到了燕莎商场附近，原以为她会进大商场购物，不料却走进了旁边的服装批发市场。这里出入的一般都是消费力不足的年轻男女，很多白领都不屑于光顾，想不到袁泉竟对这物美价廉的"水货"市场情有独钟，长达一个多小时的淘货，也就花费了几百元。

### 理财师点评

其实，不少明星也都喜欢逛批发市场。比如范冰冰就向媒体透露，她很会淘好看的衣服，动物园旁的服装批发市场也是她会光顾的地方："我在动物园旁买的衣服，连子怡都赞好看，还约我要一起去逛动物园。"由此可见，明星去批发市场买衣服并不是什么新鲜事。那么，作为普通人的我们，还要斤斤计较于衣服的品牌吗？想来，会理财的人都不会把精力浪费在这上面的。

## 袁泉节流绝招之二：度假坐经济舱

明星出行，往往都会选择舒服的头等舱或商务舱，但节俭的袁泉却是处处精打细算，连跟夏雨去日本旅游，买的机票都是经济舱而非商务舱。不仅如此，当时他们在日本游玩的时间定为一周，但在兑换处却只换了十万日元（约7600元人民币），显得非常低调简朴。

理财师点评

无论在什么年代，衣、食、住、行，都是最基本的消费之一。而对于经常出门的人来说，出行无疑是一笔比较大的开支。在这种情况下，如果不考虑舒服的程度，单就省钱而言，那么是打车还是坐公交车？是坐特快还是坐高铁？是选择商务舱还是经济舱？答案是不言自明的。善于节俭的人，总是能在日常的开销中省出那么一笔，积少成多。而奢侈浪费的人，即便挣得再多，也难有结余。

## 避开名牌诱惑

中国青年报社会调查中心和新浪文化频道曾经联合实施了一项关于品牌消费的调查，在参与调查的1150人中，买东西时看重品牌的占77.8%，只有1.8%的人表示不会受品牌的影响，另有20.4%的人态度模糊；有13.8%的人给名牌附加了更深的含义——身份的象征。

国人对名牌的追求，由此可见一斑。咱们且不说收入颇丰的白领，就是时下大、中学校的莘莘学子，也认为非名牌不能彰显品位，所以常常名牌满身：adidas 的体恤，李宁的裤子，安踏的鞋子，隐约中还闪现 Nike 的袜子。

向往和追逐名牌本无可厚非，因为名牌往往意味着优质、信任和负责，购买和使用名牌产品也就意味着安全、可靠和放心。但如果是为了满足自己的虚荣心，彰显自己的身份地位而对名牌趋之若鹜，那绝对是缺乏理智的表现。

张曼玉登上 ELLE 国际中文版 16 周年杂志封面，却不被品牌左右，认为只会买名牌的人很可悲，她透露："我有一个很奇怪的习惯，我会把衣服的 label 全部剪掉。我不想知道自己穿的是什么品牌，不想知道那是 Balenciaga，还是 Esprit。因为对我来说，这些衣服都是张曼玉的，是我的一部分。"

张曼玉对名牌的态度无疑给了那些沦为名牌奴隶的人一记响亮的耳光。而对于善于理财的人而言，不过分追求品牌，还是省钱的一个好方法。谁说批发市场就没有好东西呢？主要是你会挑、会选，同样能买到样式美观、质量优良的东西，甚至穿出比名牌还好的效果。所以，避免名牌诱惑，是大明星们教给我们的又一理财技巧。

那么怎样才能避免名牌的诱惑呢？我们不妨在出手前先问自己几个问题：

这件物品是否物有所值呢？

我是否真的需要它呢？

这种材质和样式如果没有"品牌"这个名头，值多少钱呢？

以我现在的经济情况，买这样一件东西是否太奢侈？

如此一问，你就会有比较清醒的认识，进而也就可以适当地避免被"名牌"给诱惑了。

# 孙燕姿，网上购物乐趣多

喜新厌旧的娱乐圈中，坚持做自己的歌手不多，孙燕姿算一个。阔别歌坛已久之后，2011年上半年，她携新专辑《是时候》回归，在乐坛和歌迷中间引起轰动。如今的孙燕姿淡定从容，已经不再是出道时剪着清爽短发，坚定地唱着《天黑黑》的小女生。尤其是结婚生子以后，举手投足间散发的都是成熟女人的魅力。

但无论是以前还是现在，在理财方面，孙燕姿都很理性，属于会赚会花型。2009年时，她曾经在投资商支持下，于台湾自创服装品牌，走的是偏英式的流行中价位，并亲自参与样式设计和宣传简报，之后又当模特拍照，颇具商业头脑。

孙燕姿一向热衷于慈善事业，所以虽然收入多多，但为了帮助更多的人，生活上一直很节约，不但不像有些明星那样随便挥霍，还喜欢通过网购来减少支出。据知情人士透露，孙燕姿常花时间到国外不同的购物网站精挑细选。她在网上买的上世纪70年代的古董衣一件只要几百元，而在专卖店里，同类衣物至少要卖好几千元。

她说，网购不仅方便，而且能买到自己喜欢的商品，还能把省下来的钱去帮助其他人，是一件非常好的事。

## 孙燕姿网购秘笈之一：比较价格，寻找性价比高的商品

网上购物在娱乐圈不算什么新鲜事，由于它选择多，价格低，不用跑腿，而且不用担心狗仔队的追拍，所以很多明星都喜欢网上购物。比如自称最怕逛街的王力宏就是网购的忠实拥护者，他只要想买东西就以网络方式购买；一向以清纯形象示人的高圆圆则和很多女孩一样，喜欢在网上购买化妆品。孙燕姿选择网购则不仅仅是因为喜欢，还是为了减少支出，所以她在网购时显得格外谨慎。每次都会多比较价格，寻找性价比高的商品。

### 理财师点评

网上购物是一个新兴产业，对于消费者来说，它的优点显而易见：在家"逛商店"就可以获得大量的商品信息，订货不受时间、地点的限制，既省时、省力又省钱，而且还可以保护个人隐私。所以，网购已逐渐成为现代人的购物方式之一。但是目前网上店铺众多，各家商品的质量和价位也是参差不齐，如果不多做比较，很难买到物美价廉的商品。

那么我们在淘宝贝时，除了比较价格，还要比较哪些方面才能挑出性价比高的商品呢？一般来说，有两点一定要看：一是是否有不良记录，因为一个正规经营的公司，在互联网上应该能搜索出很多相关信息，包括介绍、新闻、注册等，也包括被查处、被投诉的信息；二是商品的成交记录和客户点评，一件商品成交量高，客户点评好，那么一般都不会太差，反之则要小心了。

## 孙燕姿网购秘笈之二：风格独特的二手衣和二手包最值得淘

虽然说现在在网上什么都能买，但是在网上买什么更划算，买什么跟商场、超市区别不大，买什么比现实中价更高，恐怕很少有人思考过和总结过。但是主张生活节俭的孙燕姿却在网购中得出了经验，并将其作为网购的重点。她说，自己最喜欢在网上买的是风格独特的二手衣和二手包，因为这些商品放到精品店里都要卖到几万元，但在网上购买却只需几千元。

### 理财师点评

二手衣和二手包这样的商品，即使是大牌，其本身的价值也会因为"二手"而倍减，所以被仿造的可能性极低，这就导致二手货无论在网上还是实体店，都有较高的保真性。而相比实体店，网上销售经营成本低、经营规模不受场地限制，所以的确是选择二手货的极佳渠道。

### 理财小贴士

### 网购省钱六法

"网上购物"这个逐渐流行于20世纪的购物方式已经为越来越多的人所接受，不论是腰缠万贯的大富翁、时尚的白领丽人，还是普通的工薪阶层，都可能是网购大军中的一员。尤其是对于精明的"抠抠族"来说，网购更是生活中必不可少的省钱妙招之一。

不过，要想购得物美价廉的商品，不仅要小心甄别，还有很多技巧在里面。对此，网购达人们总结出一些经验，供大家学习和交流：

### 第一，将有限的时间花在靠谱的网站上

所谓大浪淘沙，虽然上千家的网店良莠不齐，但在激烈的竞争中已逐渐分出了胜负。所以要想买到便宜又放心的商品，选择靠谱的购物网站和商家，是成功网购的第一步。一般来说，每个网站侧重的商品是有所不同的，比如当当网和卓越网，就是以经营图书为主；凡客诚品，则以青春、时尚、休闲风格的服装为主。如果是喜欢逛淘宝上的小店铺，那么店家皇冠的多寡，是判断其信用度的最好办法。

### 第二，合理利用网购导航

如果你网购经验不足，不能通过某网站或网上店铺找到自己想要的东西，你也无需紧张，因为还有网购导航！顾名思义，网购导航是将数百家网店每日推出的产品进行整合，并按照不同的目录分类，具备搜索功能，轻松输入关键词，就能很方地找到自己想要的产品。据称，68%的购买者都是通过导航进入网购页面的。

### 第三，商场抄货号，回家上网购买

网上代购商场货比在商场直接买东西平均价格便宜了30%左右。所以，在商场里看上的东西，不妨偷偷抄下货号，回家上网直接搜索。反过来，有很多人在网上看上了某个品牌的衣服，又担心上身效果，那么你也可以先到商场去试穿，然后再决定要不要下单购买。

### 第四，下单前的注意事项

当你看上某件商品时，先不要急着下单，而是要充分了解店家，如果是没有听过的店，可参考大众点评等对商家的口碑和服务做出的评价。团购美食、娱乐等消费品时，还要仔细阅读消费规则，确认以下重要信息：预约及时间要求、有效期、人数及其他使用限制、有无附加消费，特别要注意消费地点是否就近、交通是否方便。

还有就是，一定要考虑自己的需要。很多人对于知名产品套餐的超低价格与限时限量抢购，往往会有先买了再说的冲动，建议根据自己的需要

选择，减少不必要的消费支出。

**第五，邀请好友购买可获返利**

有很多网站，邀请好友注册或分享，可以获得在线返利，从而在低价的基础上得到更多的优惠。

**第六，想尽一切办法节省邮费**

网购衣服、化妆品、书籍等实物时，邮费成了不小的一笔开支。有的网店购买两个商品便可包邮，还有些网站可以暂时不发货，等购买了几件物品再一起发货，这样能最大限度地节省邮费。如果你暂时不需要其他东西，又想不花邮费，那么也可以和朋友、同事或家人一起买，这样一来，可能还会有意想不到的折扣！

# 王小牙，买东西要一步到位

19岁即担任杂志编辑的80后美女王小牙，工作经历颇为丰富：杂志编辑、广告总监、时尚策划人、时尚买手、美女作家、主持人……无不让同龄女孩艳羡。她在长沙电视台女性频道主持脱口秀养生节目《美人计》时，拉拢了吴昕、杜海涛、陆立、明明等一大批主持人朋友，让同行连称佩服；而她和好友王燕一同主持的《大王小王新闻牌》，则充分展示了乖张灵气的一面，让观众对她有了更深的认识。

王小牙不仅才华出众，看问题的角度也颇有不同。她说："女人到了25岁之后，一定要学会理性地分析事情，要对家庭乃至社会负责，要比较稳健地把守自己的财富。身边有一些女性朋友，可能通过认识某个男朋友而获得一些东西，但是当这个男人离开时，会变得什么都没有。这是投机，不是投资。我觉得，女人一定要学会投资自己，脚踏实地，稳扎稳打，然后一步一步地到达一个位置。"

正是因为这种理性的认识，让王小牙对理财颇为重视。她说，她会将收入的三分之一存起来，三分之一用作花销，剩下的三分之一用作投资。"我一定会存钱，而且在消费方面很理性。女人千万不要看到什么就买什么，一定不要攀比。一个女人会理财，是她成熟的标志。"所以，虽然收入不菲，但王小牙在日常生活中并不会大手大脚乱花钱，而且还总结出一些节流的小绝招。

# 王小牙节流秘笈之一：买东西要一步到位

平时的消费，小牙遵从的原则是，该花的地方花，该省的地方省，买东西一步到位。"比如买车我就吸取了很大的教训。我买的第一辆车只花了 5 万，开了 2 年之后换了一辆马自达，1 年之后，又换成了 mini。换车的过程是一个消耗的过程，因为它会贬值。如果我不换那辆马自达，直接买 mini 的话，我就可以省下 20 万。"

"花得最值得的一笔钱就是买了 mini cooper，它终止了我对车的欲望，这样可以让我省很多钱。而且，我觉得如果现阶段没有能力买最想要的东西，可以用按揭的方式。总之，我觉得买东西尽量一步到位，买自己最想要的，就能够省很多。"小牙这样总结道。

## 理财师点评

买东西要一步到位，看似很简单的道理，执行起来却未必容易。因为人总是容易受到便宜价格的诱惑，无论月入多少，都喜欢把"便宜"的东西往家里搬，结果多花了不少的冤枉钱。

那么，我们如何才能做到买东西一步到位？其实你只要记住一个原则即可，那就是，不要因为一件想要的东西贵就退而求其次。

在日常生活中，有过王小牙买车一样经历的人不少。比如，明明看上了一个 LV 的包包，想要得不得了，但是又心疼大把的钞票，于是为了让自己的心里平衡点，就花几百块钱买了个普通品牌的。可是呢，人都有一个毛病，就是越得不到，越觉得它好。每天手上拿着普通品牌的包包，对 LV 的渴望就越加强烈，终于有一天，按捺不住了，终究没有逃过大把掏钱的命运。而之前花几百元买的包包，无疑成了一种额外的浪费。

所以，如果你想把 QQ 换成奥迪，并且也有这个实力，那么就用比亚迪去过渡；如果你暂时没有这个实力，那么不妨等一等，等钱赚得差不多了，再直接买奥迪，一步到位！

# 王小牙节流秘笈之二：在淘宝上买东西更划算

在淘宝上购物是目前很多人省钱的法宝之一。理财观念极强的小牙也喜欢在淘宝上买东西，她说："在淘宝上买东西很便宜，只要你选好的。比如我身上的这件小 T 恤，买的时候要 300 多元，结果我发现淘宝上有，只要 100 元，淘宝真的很划算。买东西一定要比较，该省的地方一定要省。"

## 理财师点评

淘宝上的东西的确比商场要便宜很多，但很多人因为便宜而失去控制，衣服买了一件又一件，东西买了一波又一波，本以为捡了便宜，实际上却掏空了钱包。所以我们在淘宝上淘东西时，一要坚持自己的原则，每月网购的金额不能超过收入的一定比例。要做到这一点，首先不要到处看，因为看得多就想买了；其次要看家中是否真的需要，估算一下它的实际使用频率，可有可无的东西没必要买；此外，没接触过的新产品慎买，如自己就买过不用电的扫地机，但不适用，等同于垃圾。

## 教你如何攥紧每一分钱

节俭不仅是美德，更是一种理财的手段。所以，攥紧每一分钱，是每个理财人都应该有的观念。如果你不知道这节俭该从何做起，那不妨从以下方面入手：

1. 每天中午叫外卖花不少的钱，如果自己带午饭，想吃什么都可以。可以选择晚上做晚饭时一块做好，放冰箱里，若没冰箱就早上早点起来做，又好吃又卫生。

2. 买应季食物，不买反季节食物。买超市里的特价商品。

3. 买散装食品或可以冷藏的食品。

4. 自己做饭，不叫外卖。只有在特殊情况下才去饭店吃饭。

5. 去饭店吃饭时，自带饮料，点自己在家做不出的菜。

6. 带可重复使用的水杯，喝开水，不买瓶装水。

7. 对于剃须膏、防晒油等，当挤不出来任何东西时，剪开容器，以便用尽里面残留的物质（容器里通常还有相当多的残留物）。

8. 如果你看上了一件衣服，等它特价出售的时候再买——在商店里或在网上购物都是如此。

9. 避免休闲性购物。买东西之前要列出清单，只买最需要的东西。

10. 要买那些既能用在正式场合也适合在家穿的衣服。

11. 除非你必须马上穿，否则不要在7月买游泳衣，不要在冬季买大衣、羽绒服和羊毛衫。

12. 把信用卡和银行卡放在家里，用现金付款。

13. 如果家里有新生儿，可以向亲友们借婴儿床和童车，不要去买新的，但一定要买一个新的儿童安全座椅，因为座椅的安全性能是不断改善的。

14. 如果可以，不要买奶粉，给孩子喂母乳；不要请保姆，自己照顾孩子，直到他（她）满周岁。

15. 在孩子12岁之前，换季大甩卖时为他（她）买衣服，以备第二年穿。但到他们十几岁时就不能这样做了，因为他们长得太快，不知道第二年能不能穿。

16. 逛旧货商店，看看有没有适合孩子穿的旧衣服，尤其是毛衣、羽绒服和外套。

17. 在旧货市场或商店清仓大甩卖时，给孩子买合适的图书和玩具。

18. 五金商店或厨房用具商店里如果有什么物品吸引了你，不要当场买，先回家看看，如果第二天你还觉得非常需要它，再去买回来。因为有很多东西一到家，可能就觉得没有必要买了。

19. 不要到电影院看电影，除非那部电影真的很需要大屏幕。租DVD在家里看吧。

20. 放弃一种会员卡，看看你是否真的少不了它。

21. 光顾图书馆，那里的很多书刊更新得比书店里还快。

# 姚晨，理性消费，不做购物狂

2006年，一部《武林外传》让大嘴美女姚晨一炮走红，继而片约不断，片酬渐涨，可谓名利双收。现在，除了越来越纯熟的演技和渐增的人气，姚晨在理财方面也是大有收获。

说起理财，不得不提姚晨和前夫凌潇肃的一些往事。

姚晨出名之前，她和凌潇肃的收入一直不高，唯有节俭度日。姚晨出门之后，虽然收入大增，但并没有因此存下钱，而是生出强烈的消费欲望，花起钱来一点儿都不心疼。姚晨不再做饭，小两口只要都在北京，就开车满城寻找美食，湘菜、川菜、粤菜……八大菜系吃了个遍；金鼎轩、东来顺、全聚德等京城著名的酒楼饭庄，他们更是常客。

那些普通衣服，他们拿去送人了，小两口买的都是皮尔·卡丹、范思哲、LV等国际名牌产品……2007年夏天，在凌潇肃鼓动下，姚晨和他去了一趟欧洲10国游。他们在瑞士滑雪，在冰岛钓鱼，在荷兰看风车……除了花去4万多元团费，他们还"刷卡"近10万元，买回一大堆没用的纪念品。

这种报复性的消费方式，让小两口成了典型的"月光族"，银行卡上的固定存款从来没有超过1万元。

后来，在母亲的启发下，姚晨终于意识到，这种消费方式对自己和家庭都是有害无益，人应该学会理财。

从此，姚晨夫妇开始强迫自己理性消费，无关紧要的东西尽量不买。以前每拿到一笔片酬，两人就海花一通，现在片酬一到手，他们除去留下生活费和零花钱，剩下的绝大部分或存到银行里，或买理财产品。

2008年4月的一天，小两口在超市采购生活必需品。路过首饰柜台时，一款精致的红玛瑙手镯吸引了姚晨的目光，她站在柜台前久久挪不开步。凌潇肃一看标价4000多元，拉着姚晨说："走吧！"姚晨走到超市门口又折回去，让服务员拿出手镯让她试戴。凌潇肃强行将她拉走，提醒她："你已经有好几款手镯了，不要再买了。你忘了我们的约定吗？消费要理性！"姚晨这才离去。

消费理性了。效果很快就显现出来，一年时间不到，姚晨和凌潇肃就积攒了一大笔钱。

2008年下半年，金融海啸从美国席卷整个世界，各行各业都受到冲击，收入锐减，但姚晨和凌潇肃"家中有粮，心中不慌"，生活并没有受到多大影响。不仅如此，他们还趁北京楼市低迷、房价下跌的机会，在四环以内买了一套三居室，还买了一辆中档轿车，让那辆破旧的夏利车彻底"下岗"。搬进新居后，姚晨夫妇将回龙观的那套房子重新装修后出租，这样他们坐在家里就可以每月收取一笔租金，这在以前，他们连想都不敢想……

现在，姚晨与凌潇肃虽然已经分道扬镳，但是理性消费的习惯并没有因此而改变。

## 姚晨理性消费秘笈：外出购物不带信用卡

理性消费，对于很多人来说，说起来简单，做起来却很难。尤其是那些喜欢用信用卡购物的人，往往会沉溺于可透支的刷卡当中不可自拔。这就直接造成了不合理的消费习惯。

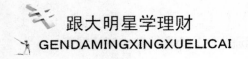
姚晨曾经也是信用卡一族，深知其中的厉害。所以在意识到应该理性消费后，第一件事就是强迫自己外出购物时不带信用卡，而且买什么先计算好，也不带多余的钱。如此一来，即便是想买，也无钱可付。效果十分明显。

## 理财师点评

信用卡的推出，对于不同的人，利弊也有所不同。比如喜欢用信用卡购物的人，就很容易造成购物无节制的弊端，不利于养成合理的消费观念。因此，建议这类购物上瘾的人不妨学学姚晨，出门购物时不带信用卡，改用现金支付，这样比较清楚自己的消费额度，利于自己对购买行为进行控制。

### 四步告别购物狂

消费让我们快乐，但过多的冲动消费却意味着财富的远去。疯狂购物之后，将要面临的，是银行账户上金额的大幅缩水，信用卡账单上的巨额负债，和越来越强烈的空虚感。所以，要想成为一个理财高手，避免成为购物狂，是非常重要的一点。

那么，如何才能养成理性消费的好习惯呢？我们不妨从以下几点做起：

### 第一步：制定消费预算

很多购物狂一看到"开支预算"就会感到头大，那不妨用"制定消费预算"来代替。通过追逐金钱流向，你就能清楚自己的钱都花到了什么地方，让你花钱更有自制力，可以理智地决定哪些项目的花费是最必要的，哪些费用是可以削减的。

有些人可能也制定过这种预算，但最终都是以失败告终。事实上，大多数消费计划会以失败告终不外乎两个原因：一是过于不切实际，比如你平时每个月要花 500 元买零食，可是在计划中这个项目的预算是零；二是没有把一些意外的情况算上——比如看医生、朋友同事之间的礼尚往来等等，这都会让你超出预算。所以，我们在做预算时，既要符合实际（比如把每个月 500 元的零食钱降至 300 元），又要预留一部分来应对意外的花销。

### 第二步：出门买东西前列好清单

很多人在决定去购物前，并没有计划好要买什么，而是等到了商场或超市，随兴所至，什么特价衣服啦、零食啦、促销品啦，看见便宜，便不管需不需要就买了回去。殊不知，很多东西买回去以后，可能根本用不上。

### 第三步：设定理财目标

没有理财目标，便很容易把手里的钱花得一分不剩，所以，设定一个理财目标，对于避免冲动消费也是大有裨益的。但这个目标不能太遥远，一定要简单、具体而且可行。比如，5 个月内还清信用卡债务、在 10 年内存 20 万存款、去银行开一个账户进行基金定投等等。同时，把目标分解为一个个小步骤，计划好你怎样去实现每一步，以及什么时间能够达成。这样，当你生出购物的念头时，这些目标就会成为你抵御诱惑强有力的壁垒。

### 第四步：立即开始执行

理财目标设定好了之后，不要把它们记在电脑或是笔记本里，因为这很容易让你忘记它的存在，进而让冲动的恶魔钻了空子。最好的办法，是把它写在纸上贴在书桌旁边，让自己经常看到它，然后立即开始执行。只有这样，你才能彻底摆脱冲动购物的恶习。

# 周迅,物尽其用不浪费

周迅并非典型的美女,却是个充满灵气的精灵。从《大明宫词》、《橘子红了》,到《如果·爱》、《李米的猜想》、《画皮》等,接连不断的好戏,使她成为华人影坛最具实力的女演员之一,更是成为商家的宠儿,广告与代言源源不断,可以说是赚得满盆满钵。

但是,热心于环保事业的周迅,却非常乐意省下每一分小钱,让自己看上去和身价显得差距颇大。比如,娱乐记者经常拍到她在吃完饭后,将剩下的食物打包带走。

让网友们津津乐道的,还有周迅从2010年春天穿到了2011年夏季的一双Sergio Rossi粉肤色牛皮款高跟鞋。从对电影《孔子》的系列宣传活动,到为《安邸》创刊号拍摄大片,再到出席台北肌肤之钥的记者会,周迅都是穿此鞋亮相。由此足见其节俭。

在娱乐圈,像周迅这样提倡节俭不浪费的明星其实不少,像每年进账以几十亿计的影坛大哥成龙,就是其中典型的一员。他常以身作则告诫身边人:卫生纸不能浪费,去厕所方便的时候尽量不要两张纸一起拿,只要一张就够了;洗手的肥皂要洗到不能洗才能丢;吃不完的盒饭不能随便丢,打包带回去。

"四大天王"之一张学友,也是个不喜欢浪费的。他在出席好友、已故嘉禾老板何冠昌遗孀何傅瑞娜的生日派对时,宾主尽欢后,就带着老婆罗美薇，将吃剩下来的食品和甜点打包带走，反倒有点像他是饭局主人的感觉。

言归正传，本节是讲周迅的，那么周迅到底有哪些节流的好习惯是值得我们学习的呢？下面我们就来看一看。

## 周迅节流妙招之一：唤起衣服的二次生命

上海电影节期间，人们留意到周迅穿的抹胸小礼服曾在多个公众场合都出现过，这在"衣服穿过一次不能穿第二次，女演员恨不得一天换八套"的娱乐圈，是很忌讳的事。但周迅却不以为然："我从来不觉得一身服装分别在两次不同的活动上穿有什么问题，衣服不应只有一次生命，稍加改变就能唤起第二次生命，穿过一次就扔才应受到质疑吧。"并且解释说："其实我也做了一些小变化，拆掉了垫肩部分，同时在双臂加了一对袖套，我觉得一件衣服如果只穿了一次就不穿了，挺可惜的……我觉得节省的态度就是环保的态度。"

### 理财师点评

虽然我们不是明星，但是有很多人也会犯同样的毛病：衣服买回来穿了一次，便放在一边睡大觉了。就像周迅所言："衣服不应只有一次生命。"对于那些穿了一次便不再喜欢的衣服，与其扔在那里生尘，不如自己动手，给它做上一些改动，这不仅会让你多一件新衣，还能让你在动手的过程中体会到设计、剪裁、缝纫等快乐，何乐而不为呢？

## 周迅节流妙招之二：搭配出不同的风格

除了给衣服做改动，周迅还提倡衣服的巧搭配。就拿她的斜纹软呢短

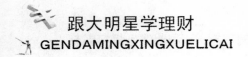
款外套来说吧，她就身体力行，用不同的衣服搭出了不同的风格：搭配低胸小黑裙，散发出的是淡淡的优雅气息；搭配黑色礼帽、简洁的天蓝色休闲衬衫和酷感短靴，则个性十足，却也不过分张扬，而斜纹软呢外套的短打扮款式既显腰身又提升了气质；巧用夸张的胸针在腰间作装饰，小巧的粉色链条包和过肩披发在走动时形成的流动线条，让小外套不再刻板，而增添了几分俏皮感……

## 理财师点评

周迅的穿衣理念告诉我们一个道理：衣服不在多，关键看你会不会搭。如果不会搭配，衣服再多也是浪费。所以，当你抱怨自己衣橱的衣服太少时，不如动动脑筋，看怎么搭出全新的风格。实在不行，多去时尚论坛逛逛，取取经，也是一个办法。会搭配了，不再疯狂地买衣服了，钱自然也就省下了。

## 物尽其用六法

所谓"不积跬步，无以至千里；不积小流，无以成江海"。生活中，因买多了吃不完而烂掉的水果，做多了吃不完而倒掉的饭菜，归根结底，浪费的都是你的钱财。所以，周迅这种物尽其用、反对浪费的环保意识，其实也是一种理财意识，非常值得我们学习。那么，怎么做才叫物尽其用呢？我们不妨从生活中的点滴做起：

## 一、饭局中吃不完的食物打包带走

很多人爱面子，觉得"吃不完，打包走"是掉价，所以常常在饭局过后，心疼地看着没怎么动筷的食物，咬咬牙、挥挥袖走人。可是，人家大明星都现身说法了，你还怕什么呢？要知道，拒绝食物浪费，不但是中华民族的优良传统，也是省钱的不二法门。

### 二、买菜做饭最好确保一次吃完

有很多家庭，明明只有两个人，却每次做饭都做出三个人的量，等吃不完时再倒掉。这其实是一个非常不好的习惯，不仅浪费粮食，也在无形中浪费了你的钱。所以，如果是自己做饭，最好把握一下量，确保一次吃完。

### 三、经常整理冰箱

有些人爱往冰箱里添置食品，买回水果、蔬菜和肉食，便一股脑地塞进去，却从不整理。结果，吃到的，总是最新买回来的，而冰箱里之前储存的食物，则会因为你的不整理而被遗忘在角落里，直到变质烂掉。这也是对资源和金钱的双重浪费，要避免这种浪费，经常整理冰箱，看什么该吃什么该买，是最好的办法。

### 四、旧衣服巧处理

对于我们普通人来说，不想要的旧衣服一般分两种：一种是样式、质地都不错，只是不愿再穿的；还有一种是有破损或样式太老的。

对于前者，如果就那么扔掉实在可惜，不妨送去裁缝店，稍作修改，又可以穿个新；另外，挂在网上，或送到二手店低价卖掉，也是不错的选择。

而对于后者，则可以进行废物利用。例如，棉质的可以作为一次性的抹布，家中将要有小孩的，还可以攒下来剪成婴儿尿布；化纤的可以用来擦拭灶台和不锈钢的东西，既干净又不伤材质，这就相当于在无形中省下了买抹布、尿布的钱。

### 五、洗发水、化妆品要用尽

由于洗发水和洗面奶、乳液、防晒霜等很多都是用塑料包装，快要用尽时，便难以倒出。这时候千万不要就把他们随便扔了，因为在包装的内壁上还有很多。针对这种情况最好的办法是，用剪刀将包装从中间剪开，

你会发现，粘在内壁上的化妆品，往往还可以用好几天。

## 六、不喜欢的彩妆也可巧利用

女性朋友爱买彩妆，但是彩妆买多了，有些颜色不适合或者过时了的问题就会随之而来。是狠心扔掉？还是花些心思将它们充分利用起来？我想大家都愿意选择后者。

其实，在这些彩妆中，最容易被浪费的就是粉底。因为粉底要与肤色相衬才好看，如果买的时候没留心，或者听了卖化妆品小姐的忽悠，买回了一些与自己肤色相差太大的粉底，根本不能用。扔在一边，浪费银子，送给肤色与它相衬的人，也难。但这并不等于没有办法，只要开动脑筋，也不会让钱白花。最好的方法是，太白的粉底就当高光，涂在额头、鼻梁、下巴、颧骨上；要是颜色太暗，就用来打阴影，涂在鼻翼、两腮。如果觉得麻烦，干脆就用来涂脖子，一般人的脖子都比脸黑，所以不喜欢的粉底就用来涂脖子好了。

眼影也是容易被浪费的彩妆之一，主要存在着过时的问题。但过时了也不要扔掉，因为它的利用方法更多。比如眼影粉加凡士林可当唇彩用，效果独特；粉红、橙色等暖色系眼影可当胭脂使用；黑、灰蓝、咖啡色系眼影，可以用来画下眼线；亮色眼影可以打在眉骨处；红、紫色眼影可在油脂较多的唇膏中做出雾光或粉质的感觉。

# 黄海冰，不纠结于自己有没有奢侈品

出身军区大院的黄海冰，从一出道就显露出了表演天分。在大陆第一部金庸武侠剧《新书剑恩仇录》中，他是英姿勃发、青春逼人的红花会总舵主陈家洛；在散文诗一般浪漫抒情的《北京夏天》中，他是亲切得如同邻家哥哥的罗普英；在影视精英云集的《日落紫禁城》中，他是执着深情、忠实热诚的荣庆；在反复热播的《武林外史》中，他是才智卓绝、侠骨柔情的沈浪……这就是电视荧幕上的黄海冰，把每一个角色都刻画得栩栩如生，独具魅力。

正是因为如此，从1993年一出道，黄海冰就片约不断。有资料资料显示，他每年都有5部左右作品上映，年收入逾百万元。再加上各种广告代言，实在不是一个小数目。但黄海冰并没有像其他明星那样急于用这些收入投资，而是继续努力拍戏，继续努力攒钱，并始终坚持节俭的生活理念，没有奢华的陪伴，却过得从容自得。

曾有记者提起黄海冰为省5毛钱，放弃校门口两块五的凉皮，走半里路去吃两块钱一碗的这件事，黄海冰一点都没有不好意思。他依然觉得，谨慎理财是一种生活态度，明星理财，更要精打细算。

所以，我们经常可以看到黄海冰在不同的场合穿着同样的衣服。"影迷总说我的衣着和我的身份不符，但我觉得自己觉得舒服就好。现在也会买些衣服，自己看书，学习搭配，让自己尽量看着顺眼。"黄海冰笑言。

而最让影迷津津乐道的，是一个黄海冰用了10多年的小熊暖宝。对此，黄海冰解释说："节俭已经成了我的生活习惯，可能是从小受妈妈的影响。我的原则就是，没坏的东西就不能扔。所以我的绒裤、毛衣等很多东西，都是陪伴了我很多年的。"

## 黄海冰节俭秘笈之一：特殊场合租衣服穿

明星的一件衣服不能穿两次，几乎已经成了娱乐圈约定俗成的规矩。而一些重要场合用名牌服装来压场，更是娱乐圈的惯用手段。所以在大明星们的日常开销中，置办服装是重要的一笔。但是生活一向节俭的黄海冰却并非如此，虽然他每年的收入极高，但他的衣服中却几乎没有名牌。为了不浪费，在出席一些特殊场合的时候，他甚至会选择租衣服穿。这一定让您大跌眼镜吧。但是黄海冰就是如此。他认为简单舒适就好，浑身珠光宝气不是他的风格。

### 理财师点评

收入不菲的大明星却租衣服穿，的确让人难以置信。但是话说回来，为了某些场合而去买衣服，而且是可能只有这一次能穿的机会，的确是太浪费了点。其实在日常生活中并不乏这样的情况，比如去参加舞会，或者去给好友当伴娘，平常的衣服不能穿，买一件吧，又穿不了一两次。这时候我们不妨学学黄海冰省钱妙招——去租。这样既不浪费又不失礼，很适用于我们普通人。

## 黄海冰节俭秘笈之二：不纠结于自己没有的奢侈品

在娱乐圈，别墅、豪车、名表等奢侈品都是明星们追捧的对象。尤其是豪车，但凡是有些名气的艺人，无不奥迪、宝马、法拉利，然而黄海冰却不会出手阔绰地为自己添置豪车，他说："真正的汽车只是代步工具，花几百万或几十万买回来的意义都是一样的，买太好的意义不大。"黄海冰还转述了一位导演曾对他说的话，"开豪车就代表我有身份吗？我开捷达就没身份了吗？身份是自身素质争取来的，而不是靠别的来装饰的。"

"所以，不用纠结那些自己没有拥有的奢侈品。"黄海冰总结道，"人生在世，关键看你想要过怎样的生活，生活需要适合自己的态度。对我来说，人生最大的乐趣，是享受一份真挚的感情，尊重亲情、爱情和友情。"

## 理财师点评

奢侈品在国际上被定义为"一种超出人们生存与发展需要范围的，具有独特、稀缺、珍奇等特点的消费品"，又称为非生活必需品。从这个定义我们就可以看出，奢侈品是个可有可无的东西。它能满足你的虚荣，也能掏空你的钱包。所以，懂得理财的人对待奢侈品往往会和黄海冰一样，很理智，有了不会沾沾自喜，没有也不会纠结郁闷。这是一种心态，也是一种智慧。

### 理财小贴士 教你看清六大"奢侈品"的真面目

对于很多人来说，私人飞机、游艇这样的奢侈品只能望尘莫及，而一些同样被列为奢侈品但又不至于贵得要命的外国衣服、包包，却能稍稍满足一下自己的虚荣心。但是在这些被国人称作奢侈品的东西中，有很多其实是国外的二线品牌，进入中国市场后摇身变为奢侈品。不信我就给大家列举几个：

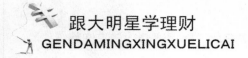

## 1. COACH

COACH 充其量只能称为时尚商品，而绝不能被称为奢侈品。当年该品牌不济之时，CEO 路·法兰克福（Lew Frankfort）给予 COACH 的新定位是"能轻松拥有"的年轻奢华品牌。这句话本身就颇有自抬身价之嫌，以一个折合成6000元人民币的 LV 为例，COACH 的价格仅为它的1/3，即2000元。虽然 COACH 的零售店或旗舰店全都紧邻 LV，不过山鸡始终成不了凤凰，那也是"紧邻"罢了！

## 2. Calvin Klein Underwear

CK 应该是中国认知普及率最高的名牌，那内裤边总是从街头年轻人的牛仔裤里跑出来探头露脸。当然也是翻版最多的牌子，国内一些服装批发市场零售，20元一条，保证物美价廉。这里咱们不说翻版，只说正货，CK 内裤专柜基本是100多一条。而在国外，它只是普通内衣，略高于班尼路的档次，老外对它根本不会像国人这般崇拜。

## 3. GAP

这个是真的国外班尼路。别以为有中产偶像莎拉·杰西卡·帕克代言，有流行天后麦当娜撑腰，它就成了名门闺秀，因为出生是无法改变的。GAP 创建于1969年，是和 Zara、H&M 并肩的美国最大服装零售商，现有4200多家连锁店。它和麦当劳一样，在最短的时间内实现了最大的扩张，所以根本不能算奢侈品。

## 4. MANGO

来自西班牙的品牌邀了佩内洛普·克鲁兹与妹妹莫妮卡·克鲁兹一起拍摄了 MANGO 的2007年秋冬的全球广告，同时佩内洛普首度亲自为 MANGO 设计了一系列秋冬成衣作品，并命名为 Penélope &Mónica Cruz for MNG 限量系列。尽管如此，这仍然不能改变 MANGO 在欧洲的廉价地位。这个中国人眼中的高档货，在大洋彼岸要掉价40%～60%。而每当 MANGO 贴出5～7折的降价告示时，店内人头攒动，比菜市场还不如。

## 5．LEVI'S/LEE/ADIDAS ORIGINAL

这些品牌在国外都是普通消费者穿的，在我们国家的价格却逐年上升，LEVI'S动辄已经上千。而三叶草的兴起完全是蹭上了复古风潮，然后红到了今天。

## 6．Swarovski Crystal

某国内杂志曾直接抛出这样的评语：或许在年轻一代的推波助澜下，施华洛世奇水晶将不再只是"廉价的钻石"，它们会像黄金一般珍贵。而事实上，施华洛世奇水晶之所以出名，完全是因人工晶的纯净、独特的切割技术以及刻面的编排创意而闻名。在国外，只有买不起天然水晶或真钻石的人才喜欢这样的东西。

# 第三章
# 投资房地产，明星理财的最爱

　　明星们爱投资房地产，这是众人皆知的。因为明星虽然风光一时，但多数吃的都是青春饭，学着钱生钱、利滚利地生生不息才是长久之计。而房地产市场，一来利润诱人，二来比开店容易，三来又不占用太多时间，所以房地产自然就成了明星投资的上上之选。但事实上，炒房并不是像某些人想的那么轻而易举，这里面是有很多学问的。要想成为一个成功的房地产投资者，我们不妨多向这些明星们学习。

# 周星驰，炒楼有道富可敌国

上世纪 90 年代，电影《赌圣》让周星驰成功地跳出了电视框框，赢得稳固的喜剧新人王地位。与此同时，他的"财神"也如约而至。1990年，终于赚到了钱的周星驰，实现了买新房的计划。因为在那个时候，周星驰最大的心愿是找到一间豪宅，一家人快乐地生活在一起。那么，周星驰从一个喜剧之王变身为"楼王之王"，到底有没有什么秘笈绝招呢？以下是小编总结的几点，仅供读者一观。

## 周星驰炒房秘笈之一：用豪宅增值

说起周星驰的炒房历程，不能不提他的成功杰作"天比高"。"天比高"洋房位处太平山顶之巅，坐拥无敌维港全海景，楼价冠绝亚洲。其前身是一所面积逾 44000 平方英尺的巨型英式豪宅。大宅在数度易主后，2004 年，周星驰趁楼市未复苏，与菱电集团合作，斥 3.2 亿港币低价购入"天比高"，并重建四幢独立洋房，四幢洋房建成后，2009 年已售出两幢，售价分别为 3 亿和 3.3 亿港币。至于由周星驰等人一直持有的十二号屋，每平方英尺叫价亦一直很高。区内地产代理曾说，十二号屋早前曾叫价 10亿元放售，但业主放盘态度不太积极，且坚拒买家"看楼"，加上价钱高，

故无人承价。

### 理财师点评

地段优越的豪宅，就像古董，别人买一件就少一件。所以，对于富豪们来说，向来不会吝惜购买豪宅的资本。而这对于投资者来说，无疑是一个资产保值甚至增值的投资。不过豪宅往往天价，对于普通大众来说，就有点不适用了。

## 周星驰炒房秘笈之二：投资路数多变

若说周星驰投资房地产的成功之道，我想最准确的莫过于一个"变"字。比如，星爷在投资住宅和地皮大获全胜以后，发现商铺是近年来地产投资的热点，便顺应市场需要，做起了商铺的买卖。2002 年至 2004 年，他多次经低买高卖的、中间灵活出租的方式，赚了个盆满钵满。

### 理财师点评

记得在周星驰主演的电影《功夫》中，有一门功夫曰"谭腿"，动作精悍，招数多变，攻防迅疾，节奏鲜明，爆发力强，具有极大的实战价值。看周星驰投资的房子，从住宅到地皮、商铺，资金从 100 多万到 3 个多亿不等，就像"谭腿"一样多变，爆发力强。而这正是顺应市场需要做法。不在一棵树上吊死，方成功之道。

## 周星驰炒房秘笈之三：女友做幕后军师

周星驰在房地产投资上频频获利，较之其他艺人，的确胜出一筹。但这除了周星驰自己的功劳，还离不开幕后军师的指点。此幕后军师不是旁人，正是周星驰曾经的神秘女友于文凤。身为香港建设主席于镜波的女儿，于文凤投资眼光独到，据说，在她的精明指导下，周星驰从1990年至2006年间投资的房地产除了一处亏钱外，其余全部赚钱。17年来总获利约1.8亿港元，投资回报率高达40%左右。除了物业，于文凤还投资证券，2007年又入主星辉娱乐公司，令周星驰在短短几年间身家暴涨，比拍戏更加赚钱。

### 理财师点评

虽然我们未必都能像周星驰一样幸运，有一个懂行的男友或女友在身边，但是对于投资房产不感冒，又想涉足这一领域的人来说，找个专业人士做置业顾问，也不失为一个好办法。

## 炒房者易入的三个误区

随着房地产情况的变化，如果还以几年前的眼光进行投资，那么很容易进入炒楼误区。而对于炒房者来说，最应该注意的误区有三个：

### 第一，坚信炒房就能赚钱

这句话在过去的10年内，似乎是绝对正确的投资箴言。但是现在把购买一套房子视做稳赚不赔的保值或投资行为，并不像你想象得那么安全。因为各地明显超出当地居民收入可承受能力的房价也表明，随便买套房子并在不久后能以一个几倍的好价格卖出的可能性正在变小，未来涨势缓慢的可能性正在变大。尤其像北京、上海这样的一线城市，房价已经接近居民购买力极限，接下来几年几乎不会有大幅度上升的空间。而那些买房限购城市的居民如果想要再买房投资，只能涌去不限购或者政策执行尺度较松的城市，其直接影响就是会打破当地房产市场的真实平衡。

作为投资和使用价值兼备的房屋，最合理的居住与投资的比例是8：2。如果你在异地买了住宅，又不是打算退休后去养老居住，接下来的问题就是，到哪里去找愿意出更高价钱的买家？收入水平不及你的当地居民，还是一个和你一样的投资客？

因此，即使是出于投资的目的，你也要充分考虑房子的宜居性，因为房子投资价值的实现仍然依附在居住价值上。在北上广深核心地段的成熟板块，例如上海的中环以内，北京的三环以内，以及可确定的地铁沿线，都具备比较充足稳定的市场需求。

## 第二，贷款投资新建商业物业

2010 年之前，用这个方法投资已经成熟的商业物业还稍微可行。但是现在，银行不但对第二套以上的房产限贷限购，对不属于限购范围的商业产权物业的贷款要求也更严格，需要支付至少 50% 的首付，贷款利率也上浮 1.1 倍。按照现在的利率水平，每年的租金回报至少要高于 7.48%，才能抵消贷款利息成本。而新建商业物业的投资回报率至少要 5 年才能常年稳定在 8% 以上，也就是说，前面 5 年，你一直在亏。即使是投资成熟的商业物业，8% 的回报率抵消掉利息成本以后，也是所剩无几。

## 第三，认为酒店式公寓值得投资

"不限购、总价低、地铁边"的酒店式公寓确实诱人，不过你最好先搞清楚，为什么你能在一个周边都是住宅社区的近郊地段，买到一套酒店式公寓。原因很简单，在新的住宅小区里建造一间酒店式公寓，开发商的建造目的通常是补足容积率。

房子的容积率从大到小分别是酒店式公寓>高层住宅>小高层住宅>多层住宅>别墅。如果开发商在小区里建造了容积率最小的别墅，为了达到地块总体容积率标准，必须用容积率更高、房屋密度也更高的酒店式公寓来补充建房数量。为了补缺建起来的酒店式公寓，其盈利能力很值得怀疑。

这类酒店式公寓周边通常没有适合办公的商圈氛围；尽管有地铁，但地处市郊，位置尴尬。如果租金太低，便没有收益；租金太高，则少人租住。所以，收益实在不会好到哪里，或许你在 40 年的产权期限内都赚不回投资本金。

# 成龙,多国置业,"功夫"了得

国际功夫巨星成龙虽然已年过半百,但风采丝毫不减。这些年,他除了无敌的功夫和演技让人赞不绝口外,无穷的财富也一直是大家津津乐道的话题。在一项关于"最受90后尊重的20大创富人物"的调查中,成龙高居榜首,可谓实至名归。

对于理财,成龙曾谦虚地笑称自己是"极糟的理财人、投资者",但是,从一个无名小卒成长为一个拥有无限财富的巨星,他身上的理财能力实在不容小视。而事实上,成龙除了靠演戏和拍广告敛金外,还做过不少投资项目,比如做生意、开餐馆、搞收藏、开车行等等。另外,他像很多明星一样,成名后也一直活跃于地产投资界,而且投资"功夫"相当了得,不仅拥有多处房产,还总是能适时出手,大赚一笔。

据媒体报道,上世纪90年代亚洲金融危机时期,香港楼市陷入低迷,但成龙却对楼市充满着信心,所以2000年成龙与英皇集团合作时,就毫不犹豫地在香港大埔投资兴建了豪宅"龙成堡"。虽然当时香港的地产业仍未完全复苏,但他一点都不担心赔本,因为投资建"龙成堡"时正值低价时期,成本并不是太大。之后,成龙又在香港先后投资了三处地产,其中包括两个住宅和7000平方英尺的九龙塘办事处。

到了2004年前后,对投资地产极有眼光的成龙敏锐地察觉香港本地楼市复苏,成功放售浅水湾南山别墅旧居,及老父独居的海名轩,劲赚3000

多万港元。

另外，当时成龙的名下，还有在美国的一套位于比华利山的豪华别墅，是他于1998年以250万美元购入的，目的是为安顿在美国求学的儿子房祖名及妻子林凤娇。而他之前在香港投资的三处地产，在接下来几年里也是一直大涨。

当然，除了美国和香港，成龙还在多地做了房产投资，比如在台湾方面，光忠孝路东区就拥有2个豪华住宅单位，到2007年市值就已达到1200万元；在北京，成龙还不惜砸4000万在东直门购买了超级豪宅"Naga上院"，高档程度直逼豪华饭店。但这也只是成龙房地产投资的一部分。如今，成龙到底有房产几处，恐怕只有他自己最清楚了。

## 成龙炒房秘笈之一：不受地域限制，多国置业

明星当中投资房地产的不少，但一般都只是做本土投资，就算是偶尔有港台明星来大陆买房，也没有脱离中国的圈子。但成龙的眼界却要宽很多，也许是在好莱坞呆久了的缘故，所以连投资也带着国际范儿，房产涉及多个国家。

据悉，成龙在世界各地如美国、澳大利亚、新加坡、马来西亚、中国北京等都有豪宅。在他的澳大利亚房产中，最著名的有两处，一处在堪培拉市，是成龙父母曾经定居之所；另一处在布里斯班的黄金海岸，俗称"成龙的澳洲风水楼"。而在新加坡，成龙同样拥有多处房产，在2011年，他不但靠一栋名叫"50年代"的娱乐综合体赚了近两千万人民币，还和周华健一起买下了位于莱奥尼山道双岭公寓中的多间住宅。

### 理财师点评

当中国的房产调控政策出台，楼市遭遇"红灯"之后，去国外买房，

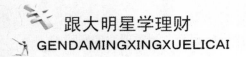

的确不失为一种投资手段。但对于我们普通人来说，国外买房也存在风险，其中第一风险来自于对当地政策的不熟悉，其次是房产在交接、买卖上都要花费大量精力和时间，若人在内地，不能及时交易，就会错失升值的机会。所以，普通人想要在国外投资房地产一定要谨慎。但如果是像成龙一样，有时间和精力经常往各个国家跑，并且熟悉相关的政策，那就另当别论了。

## 成龙炒房秘笈之二：不囤房，该出手时就出手

成龙曾说，他投资房产有一个原则，就是不炒卖，只租给当地的朋友，保证有稳定的租金收入。但从前面的叙述中我们不难看出，与娱乐圈那些只买不卖的投资客相比，成龙投资房地产最大的特点，就是不囤房，有钱就赚，该出手时就出手。比如上个世纪90年代的经济危机一过，成龙发现楼市上扬，便立即放盘曾经低价买入的地产，从中大赚一笔。而他正是通过这种买了赚、赚了买的投资方式，获得了大把的金钱。

### 理财师点评

人在做投资时，往往会因为贪念而把东西紧紧地攥在手里，当一处房价从2000涨到了7000，就会想会不会涨到1万？当真的从7000涨到1万时，又会期望有更高的价值，于是只能把手里的货囤着。但通常的情况是，囤着囤着，价就跌了，到时候后悔也晚矣。

所以，真正聪明的投资者，通常都会像成龙这样，该出手时就出手，见好就收。这样既能避免因某些突然因素而遭受损失，还能让手里有更多的活钱去做更多的投资，以钱生钱。但是在现实生活中要做到这一点并不容易，眼光是一方面，魄力也必不可少，更重要的还要戒除贪念。

### 投资海外房产五注意

就目前而言，虽然海外房产价格并不是高不可攀，而且发达国家的房地产市场具有政策完善、法制健全、市场成熟、升值稳定、租赁活跃、空置率低等特点，但由于大多数投资者对于当地的情况并不是十分了解，加上房子除了购买，日常管理也很重要，其中牵涉到很多矛盾。所以，投资海外房产还是要谨慎为上，尽量做到以下几点：

**第一，要深入、全面了解将要投资的地区**

知己知彼，才能百战百胜。所以在投资海外房产前，一定要对想要投资的地区有个详细的认识，包括当地经济、人文环境、城市发展前景、房价走势等等，尽量选择在经济蓬勃、房地产上升前期购买。

**第二，要依靠专业人士**

投资海外房产时，要挑选有经验的律师全程陪同，并在他的协助下完成整个购房手续。

**第三，要详细研究各国的房地产税收情况**

以英国为例，现在有关房产的费用有土地登记费、土地印花税、土地登记处对合同交易收取的注册费等。投资者要对房产交易时产生的税费清晰地掌握，衡量税费成本是否可以承担。

**第四，要关注国际变化**

与其他风险不同，政治风险事发突然，原因复杂，影响深远，所以购房者在海外投资之前，一定要做足功课。

**第五，要关注汇率变化**

汇率风险是目前大多数海外置业者最为担忧的。因为房产贷款期限都

较长，在这么长的时间内，利率一定是有升有降，贷款人会面临还贷金额的不确定性。

**第六，要考虑向谁买**

对于投资者来说，购房后的后期管理也是一个问题，而针对这一点，开发商比代理商往往更有优势。因为开发商的管理是长久的。通过开发商的物业管理，投资者无需出国便可以管理自己的房产。尤其是现在，部分海外开发商已经在国内设有办事处，这样更方便了很多。

# 范冰冰，加拿大炒房开连锁旅馆

　　15 岁就开始演戏的范冰冰比较早地接触酬薪，虽然经济方面一度由父母打理，自己很少过问，但遗传了父母经商头脑的她，却是一个实实在在的理财高手——办学校、开公司、投资房地产……几乎是无所不及。尤其是在房地产方面，投资最大。有银行的高级理财师曾为范冰冰做过一个财务分析，发现她的资产中，投入到学校和自己名下公司的部分只占 40%，剩下 60% 的财富则全用在了炒房上，而且是投在加拿大赚外汇。

　　要说起范冰冰的加拿大炒房经历，那就不得不提她的领路人——"1987 版"《红楼梦》薛宝钗的扮演者张莉。张莉在拍完《红楼梦》后就赴加拿大留学，随后定居加拿大。这些年来，她在加拿大主要从事地产投资——换用国内流行的说法，叫"炒房"。张莉从一个不名一文的穷学生，到如今的千万身家，可以说是颇有心得。

　　范冰冰从小就喜欢张莉，然后一个偶然的机会，让两个人相遇相识，并很快成了忘年交。在此之际，范冰冰抓住时机，毫不避讳地向她请教投资之道。如何选房、买房、付款，如何宣传待售房……张莉也都倾囊相授。等到张莉回加拿大时，范冰冰已经满腹炒房理论，只待具体实践了。

　　范冰冰第一次牛刀小试看中的是一套位于列治文的有百年房龄的老房子，有吱嘎作响的木头楼梯和货真价实的木地板。这套木头老房子，卖价 27 万加元。在签署了具有法律效力的合约后，范冰冰成为拥有加拿大房产

的中国人。按照张莉的教授，在加拿大买了房子后，需要做的就是对房子进行翻新装修，待到房子焕然一新后，再挂牌销售，等待购房人上门看房，从中赚取差价。范冰冰本来打算效仿，可是就在一念之间，她改变了想法，这也直接成就了她的加拿大炒房传奇。

## 范冰冰炒房秘笈之一：房产深加工，变身家庭旅馆

范冰冰改变想法，是在一次去附近的麦当劳买汉堡包的时候，忽然想起来麦当劳创始人雷·克罗克的一句话："其实我不做汉堡包业务，我的真正生意是房地产。"

范冰冰开始思考：买了就卖只是一种投机行为，就算有差价，也只在10%左右，做这样的短线，虽然风险小，但回报也小。如果向麦当劳学习，将买下的产业进行深加工，让房子不再是房子，被赋予更多意义上的价值后，利润一定也会更加丰厚。

于是，范冰冰将老房子进行了装修改造，3层楼9个房间的格局，被她改造成了一家名叫"加州旅馆"的家庭旅馆，为刚刚登陆的新移民提供短期住宿服务。这个经营路线恰恰填补了空白，那时正值中国前往加拿大的新移民火爆时期，很多一辈子没有踏出过国门的中国人，突然看到这么一个写着中文名的旅馆，顿感亲切。因为入住的都是中国移民，范冰冰随后又将一楼大厅高价租给了一家叫"快客"的移民咨询公司，咨询公司得到客源，顾客得到有偿帮助，皆大欢喜。这也让初次投资房地产的范冰冰获得了不少的收入。

### 理财师点评

很多人被传授经验后，都容易顺着别人的老路走，这样做可能有一个好处，就是不会赔钱，但能赚多少，就是不一定的事了。范冰冰加拿大炒

房的成功在于，善于思考，敢于创新。给房子做个深加工，改造成家庭旅馆，赋予它更多意义上的价值，这对炒房者来说，恐怕很少有人能想到，就算想到，也未必敢付诸行动，但范爷做到了，这让我们不得不佩服啊。

# 范冰冰炒房秘笈之二：开连锁做品牌

牛刀小试便尝到甜头，范冰冰越来越觉得旅馆业是一桩大有可为的生意。她如法炮制，在加拿大多伦多、渥太华等华人最集中的城市开了旅馆，并统一命名为"冰冰小栈"。她在国内的知名度显然帮上了大忙，"冰冰小栈"成了加拿大华人地区知名的连锁家庭旅馆品牌。她还开始筹备把旅馆开到美国，之后更计划在所有华人集中的区域开店……

## 理财师点评

开连锁，做品牌，让我们再次看到范爷的魄力。不过，对于初次炒房的人来说，给房产进行一个深加工，改成旅馆、小店什么的容易，但要做到开连锁、创品牌的地步，则稍微有些困难，因为它不仅需要经营得好，还要求你有雄厚的资金做后盾。所以，我们学习明星理财，要懂得选取适合自己的那一方面，而非照盘皆收。

### 买房用于出租的四大误区

目前，在国内开家庭旅馆限制较多，而且一个普通的楼房也难构成开家庭旅馆的规模，所以有很多不愿意做短线的炒房人便把目光投到了房屋出租上，认为买房用来出租，也是不错的投资方式。但是在做这样的房地产投资时，也容易进入几大误区：

### 误区一，认为有地铁就能租高价

很多房地产商在宣传自己的房源时，往往以附近有地铁为噱头。但事实上，只有离地铁站点步行 10 分钟之内可到达的区域才算"地铁房"。有房地产经理研究发现，以这个"步行 10 分钟"的标准为界，在这个范围内和超过这个范围，房租收益回报差别明显。一般情况下，步行 10 分钟之内到地铁站的房子相比同等条件但步行到地铁站超过 10 分钟的房屋，租金通常要高 5% ~ 7%；而步行到地铁站需要 20 ~ 30 分钟的房屋，则通常会以低于平均价 15% 左右的租金成交。

另外，这种租金上的差别还表现在空置率上，10 分钟内能步行到地铁站的房子从挂牌出租到顺利成交，间隔期基本上都不会超过一个星期；而离地铁站相对遥远的房子，挂牌成交的速度就明显慢了，一般中间间隔的时间是一至两个星期。所以，想买"地铁房"用作出租，一定要明确到达地铁的距离。

### 误区二，认为商住两用房租金更高

商住两用房，既能租给公司做办公室，又能租给住户，租客选择范围好像更大，更好租，可实际上它也意味着更多的麻烦。

首先，由于商住两用房本身定位比较模糊，所处位置既不是写字楼集中的商业圈，也不是周边配有大超市、购物中心的典型住宅小区，也不像酒店式公寓那样提供清洁、管理等整体打包服务，所以通常只有一些新创的小企业、SOHO 族和个人工作室会选择这样的物业。但是因为办公没有集群效应，又不提供中小企业孵化服务，居住环境也不够单纯，这样的房子不论是租给公司商户还是居住的租客，都很难有租客能稳定地进驻。所以，即便是租金回报率可以保持在 1.5% ~ 2% 的相对较高水平（住宅在 1% ~ 2% 之间），但频繁更换租客的成本也非常高——中介每成功介绍一单租赁，就从上下家一次性收取一共占月租金总额 50% ~ 100% 的佣金。

其次，这类物业的物业费、水电费都比普通住宅更高。商住两用楼和酒店式公寓通常都不配备厨房，也不安装天然气进户管道，水费和电费等是按照商业办公的标准收取的：商用水、电、煤气费用通常是民用费用的1.5倍至2倍。这样高昂的成本对居住租客的影响是，他们宁愿用多出的水电费去付更高的租金，以租到一间装修更好、交通更方便的房子。

### 误区三，房子宁愿空着也不降租金

如果你有一套闲置的房子要出租，在谈租金的时候要时刻记住：这房子有空置的机会成本。所以，在决定是否接受对方出价之前，要先算好这笔账。

对方哪怕只是砍下来200元的月租金，对你来说都是每年少收了2400元——这可能相当于大半个月的租金，但是如果你对租金太坚持导致房子空置，最终也是由你自己来承担损失——每空置一个星期，就相当于你的年租金收入下降了2%。一般来说，房子挂牌后你平均一周多才能遇到一个相对令人满意的租客，这时你的年租金已经少了2%，所以在对方要求降价而你拒绝时，你面临的最大可能就是再损失至少2%的年租金。除非你确定下周就有让人满意的租客出更高的价格，否则你最好在房子空到第3周之前接受8%以内的还价。

### 误区四，担心房龄太老影响租金

王轶给影响租金回报率的因素的排序依次是：地段>价格>装修>小区环境>房龄。房龄对租金的影响力是排在最末位的，租客在新老小区上的选择也没有特别明显的特征。所以，对于房龄老的房屋，你完全可以用装修来弥补其缺陷。在王轶经手的案例中，即便是30年房龄的老小区，只要出租的房子有精致的装修，配备了液晶电视、木地板和比较新的家用电器，租金通常都比同地区10年房龄左右新建小区的普通房屋多200元左右。

# 田亮，投资房产变亿万富翁

田亮7岁开始跳水，10岁被四川省队选中，14岁便进了国家队，主攻跳台跳水，结果15岁就赢得全国锦标赛跳台冠军，16岁时还在美国国际跳水大奖赛上获得了双人跳台冠军。"跳水神童"由此诞生。到了2000年悉尼奥运会，他凭借完美的表现，赢得了自己人生中的第一块奥运金牌，并一"跳"而红，成为了国民心中的跳水王子。

然而，正当他的跳水事业处于巅峰时，田亮却做出了退役的决定，并将职业生涯的重心从体育界转移到了娱乐圈，先后出演了《出水芙蓉》、《牛郎织女》、《雷锋》、《不再让你孤单》等多部影视作品，颇受观众好评。

但田亮天生就是个传奇人物，不但在事业上充满了传奇，在投资上也充满了传奇。尤其是在房地产上的投资，田亮就绝对是独具慧眼、下手果断的精明投资者。

据田亮的一位前国家队队友透露，2000年的时候，田亮刚挖到第一桶金，就在北京买了一套房子，这套房子在国家体育总局训练馆附近的一个小区里，只有一室一厅，大约40平方米左右，当时只花了不到20万元。不过，田亮没在这套房子里住多久就租了出去。

2004年，田亮又在北京拥有了一套豪宅。这是一处位于大兴亦庄经济技术开发区附近的一幢别墅，他曾经在很长一段时间里都居住在那里。据曾经看过这套别墅的同行介绍，田亮的这幢别墅有三层，房顶安有一个硕大的顶窗，楼体安有超大弧形观景窗，楼外有一个小型的花园和车库，在别墅的自动门两边还立着两个造型精巧的小石狮子，整幢别墅显得别致舒适。田亮这套近 300 平米的别墅装修得也是相当用心，据悉有点欧式风格，现代感很强。

之后，随着拍戏、做广告等收入的增加，田亮开始不断将手中的钱"换"成房产以保值增值，不仅在北京、西安、重庆等多地购房，2006 年还与西安某房地产商共同买下一块地皮，用于开发大型楼盘。

成了家以后，田亮对房地产投资的兴趣丝毫不减，这从他妻子叶一茜的口中就可以看出。她说："平时，他会投资房产和买一些理财产品。在家他常关注财经、股票新闻，最大的兴趣是看汽车和房子。平时没事，他就带着我去转，有新的楼盘，他都要去看一眼。他也特别喜欢给朋友推荐楼盘，所有朋友要买房都找他，他会很热心地带着朋友去看楼，有些楼盘也会因为是他介绍的给打折。让他陪我去逛街购物，他会觉得特别没意思，要是让他陪别人逛房子、看汽车，他就会特别感兴趣。"

正是这种对房地产投资的热情，让田亮几年间便在西安、重庆、北京等地拥有了 10 多套房产，资产过亿。田亮更是从单一的跳水运动员，变成了集艺人、商人、房地产投资"大亨"于一身的多重身份。对此，田亮毫不避讳，他多次表示，房地产是他最大的投资。

## 田亮炒房秘笈之一：投资房地产，熟悉是第一原则

对于房地产投资，很多人往往比较盲目，不管哪个城市，也不管自己熟不熟悉，只要有人炒，自己便也跟着炒。而对房地产投资经验颇丰的田亮却表示：投资房地产，主要是从自己熟悉的城市开始，熟悉是第一原则。所以，生在重庆，长在西安，成名在北京的田亮对重庆、西安和北京

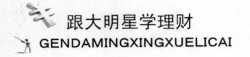

这三座城市情有独钟，他名下的房产也主要集中在这三个城市。"南京、上海这样的长江三角洲地区，我还不熟悉，所以还没有开始投资房地产。"田亮解释说。

### 理财师点评

正如田亮所言，房地产投资，熟悉是第一原则。因为虽然每个城市都有它的投资价值，但任何城市也都存在风险，尤其是投资二、三线城市，押宝不容易押中。所以，要想实现投资增值，必须要对这个城市比较熟悉，并对所要投资的城市有至少 2~3 年的持续关注，对其趋势、规划都非常熟悉，这样才可以将风险降到最低。

## 田亮炒房秘笈之二：亲自考察市场

田亮作为一位房产投资老手，对待所要投资的楼盘，往往非常谨慎。田亮的经纪人就曾透露，田亮投资房地产，会亲自考察市场，并综合听取专业人士的意见，做出自己的判断，"没有 80% 的把握，他不会轻易出手，冷静和节省是田亮做投资最大的特色"。

### 理财师点评

如今，房地产投资已过了温州炒房团买哪都升值的时代。楼盘所处的地段，周围的交通状况、配套建设和环境等因素，都可能影响到房产的增值情况。所以，亲自做实地考察，多听取专业人士的意见，都是房地产投资必不可少的环节。

## 田亮炒房秘笈之三：首选品牌开发商的房子

身处楼市调控期，因各种原因导致楼盘质量缩水的事情时有发生，譬如某开发商因资金链断裂，致使房屋交付时间一拖再拖；或者因房价下调，开发商在建筑用材上使用价格较低的替代材料，致使房屋的品质和质量大幅下降，等等。所以，投资房地产，开发商如何很关键。田亮作为房产投资"大亨"，自然明白其中利害，因此，当有记者询问投资房地产具体会考虑哪些因素时，田亮的回答很干脆："我首先考虑的就是开发商的信誉度和知名度，首选品牌开发商的房子。"事实上，田亮投资房产，的确很看重开发商的信誉度和知名度，如他在南京投资的世茂外滩新城，开发商就是知名的世茂地产。

### 理财师点评

一家开发商之所以能称之为品牌开发商，往往具有十余年甚至数十年的房产开发经历，并在购房者中有着不错的口碑。相比普通开发商，品牌开发商体现的是更好的资金实力、更强的产品营造能力，以及更精细的管理能力。这意味着，在市场火爆时，能给产品带来更大的升值潜力；在市场低迷时，拥有更好的抵抗风险能力。

而且，品牌开发商由于资金实力雄厚，出现因成本价格的浮动而偷工减料、以次充好的情况，以及延期交房甚至烂尾的可能性都很小。即便出现了质量等问题，获得妥善解决的可能性也会比较大。所以，选择品牌开发商，的确可以在投资房产时避免一些风险。

# 田亮炒房秘笈之四：对别墅情有独钟

田亮买房除了注重开发商的品牌，还对高端楼盘，尤其是高端别墅情有独钟，光在北京就先后投资了亦庄"一栋洋房"别墅、昌平"珠江壹千栋"别墅等3套，现在这几套别墅的价值都已达到几千万。

此外，田亮在重庆还有两套别墅。其中，一套为重庆奥林匹克花园的临湖叠加别墅，是他2004年为其代言，并花费百万元购买的；另一套则是2007年他和叶一茜一起在重庆龙湖半山选中的一栋独栋别墅。据重庆的业内人士介绍，龙湖半山为纯独立别墅社区，居于半山之上，背山面水，而田亮所购买的别墅由国外设计师按客户需求设计，只推了十几栋，当时每栋售价就已上千万元。有知情人透露，田亮在重庆购入的这套豪宅，并不想自己长期居住所用，主要还是为了投资，因为他每年回重庆的时间并不多。

## 理财师点评

早在2003年2月18日，国土资源部就出台了一个紧急通知，提出要"停止别墅类用地的土地供应。过量供应的地方，要认真进行清理"。2006年5月31日，国土资源部下发《关于当前进一步从严土地管理的紧急通知》，再次重申"从即日起，全国一律停止别墅类房地产项目供地和办理相关用地手续，并对别墅进行全面清理"。这就直接导致别墅产品，尤其是独栋别墅越来越稀缺，进而使得别墅的投资回报率明显高于普通公寓。

但是，在房贷新政执行严格、房产税征收呼声不断，以及新盘进入门槛动辄上千万的背景下，投资别墅不仅需要投入大量资金，做好长线投资的准备，更需要购房者具备较好的鉴别能力。因此，购买别墅时要选取地理位置或景观资源具有不可复制性的产品，尽量选择增值服务多的品牌开发商开发的产品，这样在回报的安全性方面会更加有保障。

## 田亮炒房秘笈之五：商铺在房产投资中也不可少

田亮投资房地产，是普通住宅、别墅、商铺通吃，只要有投资价值，就会果断下手。所以，在2008年上半年，当北京朝阳北路这个号称朝阳区的财富大道上有商铺出售时，他便购置了一套。这套商铺当时每平方米是4万元，田亮共购置大约200平方米，价值近千万元人民币。据悉，这里的商铺很多都是用来投资的，而投资回报率高达8%。

### 理财师点评

就目前来看，随着国家对房地产调控政策的出台和居高不下的房价，投资限制相对比较低的商铺的确不失为一种手段。但是由于投资商铺资金需求大，铺位如果选不好，就算折价也不容易租出去，不像住宅那么容易找到租客，所以，投资商铺比投资住宅风险要大。因此，投资商铺前一定要做足市场调查，不能想当然。

一般来说，首先要看地段，也就是交通和附近的商业氛围；其次是看经营用途；三看有效客源。买商场里的商铺要看规划、开发商经营能力、旗舰店，要有耐心"守热"商场。说白了，就是把自己当做租铺的客人，从他们的角度出发去考虑这个商铺的经营前景如何，愿意为它出多少租金，然后自己再拿这个租金来对比总价计算一下，如果能达到7%的回报率，就是值得投资的商铺了。

理财
小贴士

## 以房养房应注意三点

目前，在许多购房者中依然存在着"以房养房"、"以租抵贷"（房产投资者在以贷款方式购置了第二套房产后，往往出租其中一套房产，以租金收入偿还另一套房产的月供）的房产投资方式。但是随着银行加息等问题的出现，"以房养房"、"以租抵贷"的房产投资应该注意哪些问题呢？专家认为，主要包括以下三点：

其一，如果考虑长久出租，就目前北京的租赁市场状况，要想维持原有居住品质和租金水平，房主一般还应每隔5年左右重新装修，更换部分家具家电。

其二，对以按揭贷款形式购买多套房产的购房者来说，房产投资负债比例不宜过高，适当控制贷款额度，降低月供还款与收入的比例；切忌将预期的房租收入作为按揭贷款主要还款来源，而将手头的富余资金用于提前还贷反倒可以减少不必要的利息支出。

其三，当个人拥有两套以上房产，短期内没有转让房产的考虑时，需进一步分析现有房产各自的地理区位、内在品质、周边环境等特点，确定哪套房产自己居住，哪套用于出租投资，通过有效组合配置房产资源，扬长避短。

# 任达华，置房产，首选在市中心

任达华自入行以后，就是一个赚钱能手，他与妻子琦琦被趣称为"抢钱夫妻"。但除了能赚钱外，任达华对理财也是颇有心得。

对于他们赚到钱后的投资项目，任达华直接表示：他就是喜欢买房，而且是到世界各地他们喜欢的地方买房子。以前曾经有香港演艺圈的朋友笑他太笨——金融危机前，买股票、搞期货赚得盆满钵满的任达华的艺人朋友数不胜数，只有任达华一直坚持把赚的钱用来买房投资。对此，任达华回应说："自己就是个热爱演戏的艺人，不是专门的生意人，把辛辛苦苦赚来的钱轻易用来投资，要冒非常大的风险，这其实才是最笨的。"

由于妻子琦琦是地地道道的上海人，琦琦对上海菜情有独钟，几乎每个月都要来上海吃东西，于是，几年前任达华就在上海置办了房产。当时，他为该房产付出了超过 100 万元的代价，但现在，房子给他们带来的升值收益却远远不止 1 倍。而任达华在上海买房，除了自己居住外，也是为了投资，他当时就认为上海的房价肯定会涨！事实证明，他多年买房得出的经验是没有错的。

2011 年 9 月份，已拥有多处房产的任达华又在新加坡花 2000 万港币购得一小岛，岛上有三间房屋，除了一间送妻子作为中秋礼物，另外两间仍作为投资。

如今，拥有近 20 年房地产投资经验的任达华，房地产遍布世界各地，

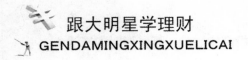
并以"稳赚不赔"而闻名，已然成了演艺界明星购房置业的风向标。而之前笑他太笨的人，则早已对他佩服得五体投地。

纵观这些年来各种投资，买房地产最大的好处是不用管，可以10年、20年地放在那里。任达华在英国的房子是1992年买的，现在每处房子都升值至少3倍。

曾有人怀疑，任达华炒房是受了高人指点，任达华却笑称，自己在买房方面并没有高人指点，完全靠自己。每到一处拍戏，他首先要买的就是当地地图，当别的艺人在拍戏间隙唱歌休闲时，他却把看房子作为必修课。而且，他在机场或酒店，也会特别留意当地的地产杂志和专业书籍，平时也经常上网浏览各国的政治、经济新闻。任达华说，投资房产，就好像自己的工作一样，一定要慢慢地稳定、再稳定，才能有更多的价值出来。

说到买房子的细节问题，任达华依旧颇有心得：第一，保安要好。第二，外墙装饰最好是大理石，因为可以保持50年不变，不用老是维修。而且，房屋维修起来是很贵的。最后，任达华强调：房子对于一个人、一个家庭的影响非常大。只有住得好、休息好，在外面工作才会更有干劲，工作才会更顺利，心态才能更健康。

那么也许有人要问，任达华能在投资买房方面做得如此成功，有没有什么秘诀呢？我可以很负责任地告诉你：有！

## 任达华炒房秘笈之一：买房只找市中心房源

任达华在世界各地已经购置了20多处房产，几乎都是在核心城市的核心地段，如纽约的曼哈顿58街、巴黎的二区、香港的中环、上海的南京路、北京的新世界商圈等。他买房的秘诀很简单：永远要选择市中心的位置。

为什么呢？

任达华说："历史文化悠久的地方，比如英国，他们那里都是很矮的房子，最大程度保存了一些很古老的风味在里面，喜欢旅游的人都向往去那些地方。这就是那里的房产升值最强有力的保障。所以，我在英国买房是买在市中心，在纽约、香港、新加坡、北京也是一样。

### 理财师点评

曾有资深理财经理说过："国家通过限购、限贷等调控抑制需求，通过增加公租房、廉租房供给来解决基本住房需求。好地段的楼房，已经不再是基本住宅需求功能。因此，现在投资房产，就要投资资源稀缺的地方，除了地段还是地段。"他的说法可以说与任达华是不谋而合。因此，如果你既有资金，又有好地带的房源，那么一定不要犹豫，该出手时就出手，准没错。

## 任达华炒房秘笈之二：把房子交给专业的管理顾问公司

当被问到工作这么忙，没有时间打理这么多房产怎么办时，他说：只要把那些房子交给当地最专业的管理顾问公司就可以了，虽然要付出5%的佣金，但换来的却是永远没有空置和稳定的高回报，还是很值得的。有付出必有回报，成功投资的背后必有超过平常人的细致与持久。

### 理财师点评

对于平时工作忙碌没时间打理自己多处房产的人来说，找个专业的置业顾问来打理，的确是最省事的做法。也许有人会觉得5%的佣金太高，但是如果像任达华这样，房产遍布世界各地，假如什么事情都要自己亲力亲为，那不但会造成房屋空置期间的损失，而且往返于各地的路费也是一笔不小的开销。

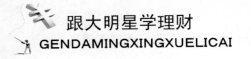

### 理财小贴士 房产投资别忽略四种价值被低估的房产

在房产投资中，很多人都喜欢盯着中心地段的热门资源。而事实上，有一些价值被低估的房产往往也具有投资价值，其中最常见的主要包括以下四种：

### 第一种，非中心地段的"边角料"

进行房地产投资，选择中心地段的房产无可厚非，但是一些非中心地段却有升值潜力的"边角料"，也应该计入考虑的范围内。比如，这个地段虽然偏远，却具有完善的商业服务体系，交通四通八达，生活设施齐全，周边有公园或者名山大川，这些都是城市中的稀缺资源，它往往可以让投资者在面对不同的风险挑战中得到保值。

### 第二种，拍卖房

一般来说，法院拍卖房产，拍卖价都会低于市场价约15%，属于很划算的一种。但投资这类房子一定要注意两点：一是产权是否清晰。有些拍卖房，虽然价格便宜，但可能产权有争议。二是搞清性质，避免拍进一些高税费的房子。比如赠予房产，自2009年6月份开始，赠予房产如果是陌生人之间的赠予行为，要征收20%的个税。拍卖时如果不小心拍到这样的房产，交一大笔税费就得不偿失了。

### 第三种，"缺陷"房

比如像只有50年产权的住宅，这类房子和70年产权的存在30%的价差，但在实际使用中其实没有那么大的差别。

### 第四种，低价二手房

比如一些因业主赌博、破产或出国等原因挂价明显低于市场价的二手房。这类房源虽然不多，但如果做足功课，在挂牌二手房中仔细淘，还是会碰到的。

# 谢霆锋，专买黄金旺铺

　　谢霆锋从少年成名的狂放不羁，到性格收敛成为香港演艺圈的"拼命三郎"，踏实演戏和做人，并拿下香港金像奖影帝，近年更是身价飙升，电影片酬狂升达 1200 万港币一部。与此同时，他在创业投资方面也颇有斩获，住宅和商铺价值数亿。

　　说起谢霆锋对房地产投资的热爱，不得不提他曾为钱而困的一段日子，那就是谢贤和狄波拉离婚后，谢贤将谢霆锋送到日本留学的时光。

　　谢霆锋自己曾说过："很多人不明白到日本这些先进国家读书为什么会辛苦，原因很简单，就是一个字——钱。也许大部分人不相信，我到日本读书，身边竟然没有什么钱花，但事实就是如此。很多人以为我出生于富裕家庭，就一定是要什么有什么的了，但其实并不是那样。"

　　在日本学习期间，谢霆锋为了省钱，不但在饮食上节俭，还不得不住在郊外。从他住处出门，走到火车站乘火车进入市区上学，单程竟需两个小时。身在日本，谢霆锋不仅仅是穷，而且孤独。每次回到郊区的住所，整个晚上就只有他一个人，周围的人全都是不熟悉的。那种独自面壁，孤独难耐的岁月，非常不好受……

　　"在日本，我永远都是穿件烂 T 恤，一条牛仔裤，一双旧皮鞋，背着吉他、行囊，身上只有几千元，到处漂泊流浪。那种感觉就像个流浪汉一般。我生命中经历得最多的事，就是在日本那段时间，至于领悟到什么，或是那种感觉是怎样的，就真的很难用言语说出来。"谢霆锋曾如是说。

谢霆锋当影帝，这事没引起大的反响，反倒是其手下公司的爆光，让人们知道了谢霆锋不只是演员，更是老板。据香港媒体报道，他除了拍电影及开设制作公司"PO 朝霆"外，很早就已涉足地产市场。眼光独到的他曾多次购下香港摆花街多家商铺，如今他拥有香港中环多个商铺，现市值 1 亿多港元，西半山房产市值也有 2000 多万港元。媒体送他"摆花街铺王"称号。

## 理财师点评

正如杨受成所言，像摆花街那样的地段，"铺位是买一间市面便少一间的"。所以，对于炒房的人来说，投资商铺，不失为一个安置资金的好渠道。但是投资商铺是一项高风险、高收益、高技术难度的投资，十分考验投资者的眼光和经验。像北京的西单、王府井，上海的豫园、徐家汇等黄金地段"黄金"旺铺，往往无价无市，的的确确是买一间少一间，但偏冷地段的商铺却往往一铺难销，经营面临较大困难。所以，投资者在选择铺面时，一定要谨慎，多方考察，多向有经验的人请教。

## 理财必贴士

### 买商铺前要考察清楚的十个内容

跟住宅楼不同，商铺投资往往存在着更大的风险性。因此，想投资商铺的朋友，如要顺利而有效地投资，下面十个方面的内容一定要提前考察清楚。

### 首先，要考察清楚土地的使用性质

目前，市场上某些商铺是由原来的住宅通过"居改非"变更过来的，

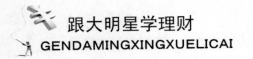
而这两类房屋实际上是两种完全不同的土地使用性质。

"住宅"，顾名思义，是专供居住的房屋，而"商用房"则是从事商业和为居民生活服务所用的房屋。因此，从土地管理角度看，"居改非"已经改变了土地用途，即把"居住用地"改变为"商业用地"；从规划角度看，其内涵已被变更为《建设工程规划许可证》中的各项规定；从房屋使用功能角度看，房屋用途具有了经营功能。

根据《城镇国有土地使用权出让和转让暂行条例》第18条规定："土地使用者需要改变土地使用权出让合同规定的土地用途的，应当征得出让方同意并经土地管理部门和城市规划部门批准，依照本章的有关规定重新签订土地使用权出让合同，调整土地使用权出让金，并办理登记。"可以看出，所投资的"商铺"如果原来是居住用地的话，以后就可能会有麻烦。

### 其次，要考查清楚商铺所在地及其周边地区是否会面临规划的变更

从宏观角度看，整个城市如果推出新一轮规划纲要的话，所投资的商铺未来肯定受到新一轮规划的影响。比如上海市西部崛起的虹桥交通枢纽工程，使整个上海同长三角将形成一个3小时车程的"都市圈"，这里吸引了大量人流、物流、信息流和资金流，使上海市西部地区凸现商业地产投资机遇。从微观角度看，一旦所投资的商铺周边规划开建新的轨道交通线，可以肯定该商铺有着上升的价值。所以，搞清楚商铺所在地及其周边地区今后是否会面临规划方面的变更，是决定投资是否成功的重要环节。

### 第三，要考察清楚商铺所拥有的相关权益

所谓商铺权益主要包括两个内容，一是房屋产权，二是其他相关权益。前者只要有房产证就可以证明，而后者涉及的内容有很多。比如二手商铺原来是否有过租客、该租客同房东之间是否有协议、商铺室内装修部分如何处理等等，这都会涉及投资者的"权益"。因为二手商铺原有租客有"优先购买权"，所以投资者在买房前一定要了解租客同房东原来签订

的协议内容。如果租客放弃"优先购买权"，房东必须出示相关书面证据。至于原有的装修、设备等问题，投资者也要问清楚其中的权益范围，以免以后发生赔偿等麻烦。

### 第四，要考察清楚商铺的面积

商铺根据地段和楼层的不同，其价值同面积大小成正比。但从个人投资经营及自身风险角度考虑，商铺面积一般在 50～100 平方米为宜，因为这样面积的商铺，有出租容易、经营灵活、租金较高、投资风险较低等优势。另外，繁华闹市地段的商铺因地价较高，投资时应尽量注意减小单个门面面积，以提高商铺的单位面积价值；若是二层以上的商铺，则尽量要选择开放式和多通道布局的商铺，以便让顾客方便驻足和流动。

### 第五，要考察清楚商铺的用途结构

商铺内部结构状况对个人投资大有讲究，特别考虑投资商铺做餐饮业时，绝不能回避这一点。住宅小区底楼店铺是不允许搞餐饮业的，哪怕沿街也不行。投资商铺前一定要了解是否有厨房和卫生设施，可否做餐饮行业等。商铺的内在结构和尺寸也大有讲究，譬如层高是多少、能否加装夹层（或者送夹层）等，还要注意商铺结构和模式是否零乱、户型结构是否合理、有效使用面积是否高等问题。

### 第六，要考察清楚商铺室内的设备和装修

这是主要针对二手商铺来说的。一般情况下，二手商铺都是经过装修的，有的还带有各种设备。双方签订买卖合同时最好另外单独订立一个附件，即《房屋设备装修装饰清单》。列出这些设备和装修费用等情况，譬如是否包括在房屋总价内，折价的话可折多少等，可以避免日后同原房东以及周边邻居发生矛盾。

### 第七，要考察清楚买商铺所缴纳的税费品种

商铺买卖需要缴纳税费，个人投资一定要弄清这些税费，因为这些费用所占房价的比例很高。主要有营业税、契税、印花税、土地增值税、个人所得税等，都要在协议中讲清楚。有人建议，如果是某企业出售的商

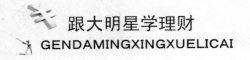
铺，可以采用股权转让的形式进行投资，因为这样可以合理规避部分税费。

## 第八，要了解抵押贷款方面的知识

投资商铺时如果考虑办理抵押贷款，必须了解房地产抵押贷款方面的有关知识。

目前，银行对商铺贷款审核比较严格，最低面积标准定为50平方米，最低总价定为40万元，贷款成数大都为5成。而对于那些临街、具有独立产权的商铺以及分割型商铺，抵押贷款审批更为严格，因为这些商铺可能涉及今后规划动迁或邻居产权纠纷等难题。

## 第九，要考察清楚其回报潜力

商铺投资讲究的是长期回报，从目前国内外大型商业地产开发经验来看，一个优质商铺所获得的长期租金收益远远高于初始投入。所以，对于商铺投资来说，地段很重要。但是，随着城市化进程的加速，区域市场从无到有，从小到大，包括区域人口的增加、居住社区的出现、道路开通、公共设施兴建等，房价或铺价都会水涨船高，促使商铺投资升值。当然，不是人人都能看准这种"潜力铺"的，主要还是要耐得住寂寞。

## 最后，也要考虑市场因素

市场因素对商铺的影响是至关重要的，这里包括宏观、微观等各种因素。有些是能够预见并掌控的，但有些却是难以预料的，这就要看投资者本人的综合素质了。

# 第四章
## 明星开店招数多，大腕招财各显神通

　　明星们在工作之余，往往都喜欢搞点副业。而在副业当中，开店往往是首选。在台湾、香港、上海、北京等明星云集的地方，各式饭店、服饰店、夜场乃至杂货店，探其背景，很可能某个明星便是幕后老板……当然，由于这些明星老板们并非职业商人，在商业市场的残酷竞争下，明星店可以说是赔得多赚得少。但其中也不乏一些经营有方者，把生意做得红红火火，很值得我们借鉴和学习。

# 文隽，宁记火锅，好吃才是王道

一提起宁记麻辣火锅，大家可能会立马想到文隽、王晶、舒淇、秦海璐、杨恭如等这一群大明星股东。殊不知，"宁记"这个招牌从一开始就跟大人物联系在一起——蒋介石先生的厨师蒋陵宁，对创意美食跃跃欲试，跑成都下重庆，仔细研究琢磨，最后开创出自己的宁记火锅——取了名字中的一个"宁"字。蒋陵宁先生的火锅，不像四川火锅般直来直去的麻辣，让畏麻辣之人无法接受，而是走内敛和阴柔的路线。锅底也与众不同，从开创初始，就取豆腐、鸭血在其中，豆腐香糯，鸭血软腻，与常规豆腐、鸭血别有不同。

后来，也就是上世纪90年代，文隽、王晶一行到台湾，被舒淇领到宁记大吃大喝，吃了就念念不忘，每回还打包带回香港。一来二去几人一商量，便把宁记搬到了香港的九龙尖沙咀，没想到竟成了两岸三地明星的最爱，还引来刘伟强、陈晓东、罗嘉惠、范冰冰等多人入股，在铜锣湾、百利、旺角，以及上海、北京等地开起了连锁店，成了名副其实的明星餐馆，可谓星光炯炯。

为了突显火锅店的"明星气氛"，宁记每间分店的侧墙上，都贴满在映或者即将上映的电影海报，以及明星们光顾后的留念照片、签名等。总之，就算你不爱吃，到此也能体会到那份浓浓的"星味"。

当然，宁记麻辣火锅之所以能吸引众多明星为文隽捧场，以及泱泱食

客的赞誉，把生意做得红红火火，最关键的，还是味道好，并且与众不同。说白了，就是要懂得创新。按文隽的说法：明星开餐馆也一样啦，关键还要好吃，你不好吃，谁去?! 所以，像店里的招牌麻辣系列——麻辣肥肠、麻辣鸭血、麻辣豆腐等，都是在台湾麻辣口味上重新研发出来的。那种热辣辣又暖洋洋的感觉，绝对不是吃其它火锅所能比拟的。那么文隽经营的宁记火锅到底在哪几方面有所创新呢? 以下是做的一个总结：

## 文隽"宁记"创新之一：锅底的调配

一款火锅好吃与否，锅底起着举足轻重的作用。宁记的麻辣锅底，是用特别的配方和材料调配而成的，再加上每个锅底里必然附带的豆腐和鸭血，让人吃进肚里，暖烘烘地浑身舒服，这也是宁记受欢迎的重要原因之一。

### 理财师点评

锅底，是火锅的重要组成之一，若是锅底跟刷锅水似的没有味道，那涮出来的菜品绝不会好吃到哪去，反之，则能让人吃过第一次还想第二次。有些牛气的火锅店，敢打出招牌，说不用蘸小料同样好吃，其实拼的就是个锅底。所以，想开火锅店的人，不妨在锅底的配方上多做研究。

## 文隽"宁记"创新之二：涮品的创新

相信大家喜欢宁记麻辣火锅，有很大一部原因，是那有许多其他地方很少见的东西，其中最有特色的是美国鸡子，也就是雄鸡的睾丸，它大如葡萄，味道极鲜，堪与鲍鱼相媲美；珊瑚蚌也是宁记的一大特色，味道极其鲜美；而牛心管作为牛身上最不值钱的边角废料，涮后却清爽好吃，口感筋道皮实，一咬即断，据说是陈小春每次光临宁记的必点之物……

### 理财师点评

火锅吃的就是涮品，如果是千篇一律的牛羊肉，再喜欢的人也会吃腻。所以，涮品上多多创新，也是让火锅店脱颖而出的重要手段之一。

## 文隽"宁记"创新之三：蘸料的选择和调配

火锅店提供的蘸料，一般分两种，一种是自己调好的，这是很考验店家功力的一件事，因为蘸料调得好不好，直接影响到口感，在这方面，"呷哺呷哺"是个比较成功的案例；另一种，是把麻酱、盐、腐乳、香菜、沙茶酱、辣椒油、酱油、香油等分别放好，由客人根据个人爱好自行选择和调配的，这种方法比较讨巧，但对各种小料品质的要求却很高。宁记用的是后一种方法，其特制的酱油，堪称最大的亮点。据说，在宁记吃鸡子时，只要将鸡子在其秘制的麻辣锅底中涮10分钟，再蘸上宁记特制的酱油，就能让人不肯放下手中的筷子……

### 理财师点评

虽然有些火锅店声称自家的火锅不用蘸小料同样味美，但吃火锅蘸小料，却已似乎成了人们的一个习惯。所以，一家火锅店能不能得到顾客的眷顾，小料的选择和调配，可以说是决定胜负的最后一关。所以，到底是自己调，还是把孜然、泰式酸辣酱、红椒酱、沙茶酱、老干妈牛肉酱、海鲜汁、韭菜花、豆腐乳、麻酱、干粉、香油、蒜泥等各种材料放在那让客人自己选择，这其中的成本差距又有多少，一定要考虑清楚。

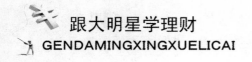

## 开火锅店的四个注意事项

开火锅店要推陈出新是不错，但要想把这红红火火的生意真正经营好，一些经验也是不能缺的。下面就给大家提出一些建议：

第一，关于选址。选择店面时，要选在行人比较多，客流量大的位置，像商场附近、公交站、汽车站、火车站等地方，都是不错的选择。另外，还要看旁边有没有竞争对手，如果选在那种为了利益不惜一切代价降价的店面旁边，是很容易亏本的。

第二，关于价格。开业之前要充分了解周边的消费水平，合理定价。

第三，关于装修。火锅店的装潢很有学问，首先要通风；其次，要选择暖色的灯光。

第四，关于规模。首先要看周围的人气怎么样，建议在资金允许的情况下要尽量大点，特别是要比同地区同类型的店的规模要大。

# 蓝心湄，用特色经营 KIKI 餐厅

食肆算是明星们最热衷开的店了。从咖啡屋到川菜馆，尽管不断有食肆倒闭，还是有明星前赴后继开设新店。周杰伦从 2006 年进军饮食业，目前已经在台北拥有两间意大利餐厅"Mr. J 义法厨房"；阿雅的大福和风食堂有许多招财猫的标志，菜色繁多；而蓝心湄的 KIKI 餐厅则算是规模最大的连锁店了。

KIKI 是台北有名的特色川菜连锁店，全名叫作 KIKI 老妈餐厅。蓝心湄从 1991 年开始经营，至今已经超过 10 年。

不过，这一副业当初却是不经意投入的。蓝心湄说，当初其实是父母退休之后觉得不适应没工作的生活，看到妈妈很会做菜，蓝心湄便找了间位于小巷里、店面月租只要 3.5 万新台币（7000 多人民币）的地方开间小店，给父母经营。"当时算了算，总投资也不过 100 万台币，如果打水漂就当孝敬父母啦"。

餐厅刚开始营业的三个月并没有什么生意，蓝妈妈还一度搞笑地问蓝心湄，要不要下班后化好妆戴上假发站在巷子口，看到有人经过要吃饭的，就拖进店里。后来蓝心湄决定从朋友做起，以口碑的方式经营。先是下节目之后带导播等工作人员一起到店里吃饭，后来渐渐带圈里朋友过来帮衬，"因为是家常菜，不太贵，所以大家渐渐开始认可。吃了一次觉得好，下次就带其他朋友来"。半年之后，店里就开始满座了。餐厅经营一

年之后，房东欠钱，将房子抵押，蓝心湄只好跟当时的经纪人借了 1500 万现金买下店面。

没想到经过多年经营，KIKI 越做越大，在台湾已有多家分店，人气也越来越高，包括刘德华等天王也是她的主顾，"他之前带一票朋友来吃，不仅自己付钱请客，还没要求折扣，甚至还送我一个环保袋，事后我觉得很不好意思，结果去逛街买了一张他代言的价值 13 万元台币的按摩椅送我妈，算是对他的回馈。"

更让人不可思议的是，KIKI 竟然红到在上海都出现三家连锁仿冒店。据蓝心湄说，她曾经跟爸爸一起去过上海的假冒 KIKI 店，店标、门面一模一样，对方还告诉她这就是蓝心湄的店，气得蓝心湄笑言，恨不得叫上五六桌人进去吃饭，然后说："随便吃吧，不用付账了，反正这店是我的。"

虽然有过投资餐厅经历的明星并不在少数，但大多数都迅速夭折，能够像蓝心湄这样做到如此成功的明星餐厅还真是凤毛麟角。难怪蓝心湄被媒体问到对嫁入豪门的看法时，当场以"我就是豪门"来回应。身价 10 亿，坐拥多家餐厅的蓝心湄，确实是女明星的理财榜样。即便是我们普通人想投资餐饮业，也应该学习一下"蓝教主"的经营之道。

那么 KIKI 到底有哪些地方是值得我们学习的呢？且让我向您一一道来。

## 蓝心湄"KIKI"亮点之一：标志小黑猫

KIKI 餐厅最早的一间店开设在忠孝东路延吉街附近的巷子里，小小的阶梯上去是用砖砌成的小拱门，墙上画着标志性的黑猫，店里的餐具包括水杯、碟子、筷子等统统都有 KIKI 的标志——小猫，十分可爱。

### 理财师点评

人们总是对有标志性的东西更容易留下印象，所以，不同行业的人才会穿不同的制服，商品才会注册商标。其实开餐馆也是同样道理，要想让顾客对你的餐馆印象深刻，那么不妨在杯盘碗碟和门面上下点功夫，摆脱"大众脸"，自然也就令人难忘了。

## 蓝心湄"KIKI"亮点之二：创意菜名

初次去 KIKI 的食客大多会听到这样费解的对话："要一个'苍蝇头'。"去餐厅吃"苍蝇头"，你肯定会怀疑这人有问题。其实，"苍蝇头"是那儿的招牌菜之一，就是以细切的韭菜花末、豆豉、绞肉拌炒，尝起来咸香中带点辣味，相当下饭。此外，还有一道菜名叫"老皮嫩肉"，也相当另类，实际不过是炸得外皮硬脆里面嫩滑的豆腐。

### 理财师点评

俗话说，人靠衣裳马靠鞍，一道美味的菜肴，同样离不开名字的装点。如果菜名起得新颖、有创意，对于客人来说，也不失为一种乐趣。不过，若是不想让客人看得云里雾里，不知所云，那最好在创意菜名旁加个说明，写上菜肴的主材、辅材、烹饪手法等，再不济，拍个实物照片也行。

## 蓝心湄"KIKI"亮点之三：明星拍宣传照

有些分店进门就会看到墙上蓝心湄、陶晶莹和舒淇三位明星的宣传照；而台中分店开业前，三人甚至穿上旗袍拍了两款宣传海报，并用大大的海报把整间店遮起来，打算等开幕时才要揭晓餐厅的样貌，让客人惊艳。

### 理财师点评

明星拍宣传照，虽然宣传效果好，但并不适合普通大众。可这也不代

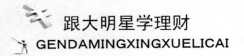

表就没有可学之处。我们不是明星，没有宣传照可挂，但是画总是可以买到的吧。在餐馆内装点一些有艺术气息或有个性的画作，同样可以提升餐馆的品味。

## 蓝心湄 "KIKI" 亮点之四：设法加快人流速度

KIKI 在台北很红，经常有顾客排队等位。KIKI 的另一位明星股东陶晶莹就试过走到吃完的顾客旁边说："吃好了吗？吃好了站起来运动运动会更好哦。"效果很不错。

### 理财师点评

生意比较火的餐馆，都可能会遇到顾客等位的情况。这种时候，如果任由吃完了的顾客坐在那聊天，可能会损失不少生意；如果上前粗暴地赶人，那不仅会惹人不高兴，还可能损失了一大批回头客。所以，考虑用什么方法来加快人流速度，是餐厅老板不可忽略的问题。

### 理财小贴士 制作菜单要注意的六个问题

对于餐馆来说，菜单是个不可或缺的部分。但通常情况下，一份菜单能让顾客第一眼就产生良好印象，并留下深刻的记忆，并不是件容易的事。所以，制作菜单时，从封面设计，到菜单内容，都不能马虎，至少要做到以下几点：

第一，菜单的封面和插页在选择字体颜色和纸张颜色时，要对比鲜明，尽量避免靠色。比如褐色纸配以黑色字体，白色纸配以黄色字体，这样的颜色搭配，容易使顾客在挑选菜品时眼花缭乱，难以辨认，服务人员也难免会看错菜单中的菜品和价格。

第二，菜单的单页印刷版面要美观实用，字体的大小或疏密程度要安排得当，防止出现过多的空白或过分拥挤。

第三，菜单中一般以汉字为主，涉外餐馆可加印英文（中英文对照）。除特殊情况外，一般无需刻意配印更多的外文，比如拉丁文、日文、德文等，以免显得杂乱无章。

第四，制作菜单时应认真校对，避免出现错字，比如将菜品中的"宫保鸡丁"写成"宫爆鸡丁"，"锅溻豆腐"写成"锅塌豆付"，"汆丸子"写成"川丸子"等。

第五，菜单上的菜品要避免品种过多和重复。如果餐馆不大，而菜单品种过于繁杂，则既会增加企业管理难度，又会给顾客点菜增加麻烦。

# 任泉，从八张桌子开始的"蜀地传说"

任泉，出道 15 年，参演过 8 部电影、35 部电视剧。对于大众来说，他不是一个话题明星，甚至缺少有知名度的代表作。但是他的"蜀地传说"，却是家喻户晓，成了人们印象中明星开店最成功的代表。

说起这"蜀地传说"，最早要追溯到 1998 年。当时，任泉要开店的想法其实特别简单："我 1998 年上戏刚毕业时，觉得演员的工作不塌实，再加上当时演戏机会也不多，所以就想如果开个饭馆，每月能固定有三五千的稳定收入挺不错的。"

于是，在其他同学都忙着找工作、找戏拍的时候，"一意孤行"的任泉，用从老同学李冰冰和徐路那借的 6 万块钱，加上自己的全部积蓄，在上海的一个老弄堂里租了一幢三层的小洋楼，折腾出了一家"蜀地辣子鱼"。

任泉的第一个餐馆面积不大，开始只做一层，只有八张桌子。装修也特别简单，用的都是老洋楼拆下来的二手老地板和老式楼梯扶手、老式吊灯，但很有特色。

开业后，餐馆的生意出乎意料地好，八张桌子，很快就爆满了。然后就从一层楼扩张为三层楼。"只有一家时就会排队。排队的人很多，后来就想能不能扩充一下，因为每天流失的客人有几十个。"于是"蜀地辣子鱼"在上海就有了第二家、第三家、第四家连锁店。还从上海开到了北京，并更名为"蜀地传说"。

北京的第一家"蜀地传说"开在女人街，是一家装修精致的两层高的餐厅，从外面看，一眼就能从众多门面中辨别出餐厅的醒目标志，一进门也能看到门厅地面上写的店名"蜀地传说"。整个餐厅以黑色为基调，餐厅布局并没有想像中所谓的奢华与刻意的经典，毫不张扬的整体色调，硬挺的桌椅，透明而大气的落地玻璃墙，灵动点睛的桔红色灯柱都让人眼前一亮。任泉说："这些都是出自我的设计，我要求店面有舒服的环境，干净整洁，风格要简约一些。有朋友对我说，他们感觉到我的餐厅就如同到我的家里一样。"

而餐馆的 LOGO 就是他在开车时的灵光一闪。LOGO 颇具中国象形文字的趣味，用带有墨汁感的线条组成的图案很像两个"川"字交叉放在一起，空隙中填充的中国红成了点睛之笔，既象征了川菜火辣辣的味觉刺激感，又看起来形似一条鱼，正巧与"蜀地传说"的招牌菜——辣子鱼相得益彰。

任泉很能听取各方意见，尤其是来自于朋友的，每一道菜式都要经过朋友的鉴定，如果有三个朋友说这道菜不好吃，那么这道菜就会从菜谱上消失。

因为菜做得地道，价格合理，"蜀地传说"里经常座无虚席。"我定的价位在每人 40 元，三个人 100 元就能吃得很好，好多朋友也喜欢吃我家的菜。陆毅最喜欢锅仔牛筋，李冰冰最喜欢吃辣子龙虾，杨紫琼喜欢整体风格。"至于任泉自己，他说喜欢吃土豆，"如果是在店里，我就和员工一起吃饭，员工餐就很像家常菜。"

任泉对待下属员工总是很温和，而且就像对待顾客那样热情。这也感染了店里的每一位员工，有员工称，这家店自打开业以来，从没跟客人发生过争吵。想来，这也是任泉成功的一个重要原因。

都说明星开店三天火，而任泉却凭借着自己出众的商业头脑、良好的人脉，打破了这个传说。随着"蜀地传说"规模的日益扩大，2012 年五一

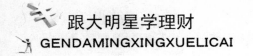

节，任泉又与四川火锅品牌"香天下"合作，重回上海开起了"蜀地·四川香天下"火锅店。可见，其餐饮事业是越做越大了。

那么，任泉在经营"蜀地传说"时，除了上面所述，还有哪些心得呢？我们不妨看看任泉自己的总结：

## 任泉开店心得之一：待顾客以诚心

有人问起任泉开店的秘诀，任泉的回答颇为耐人回味。他说，要说秘诀，那就是"诚心"："我用普通顾客的心态看这个店，看服务、菜品、价格、环境。两个人花 60 块钱也能吃得不错，吃好一点 100 块钱也可以。"

### 理财师点评

对于做餐馆的人来说，"诚心"二字说起来简单，做起来却通常很难。因为在"利"字面前，少有人能真正从顾客的角度着想。但是你应该记住一句话："顾客就是上帝。"多为顾客着想，其实是在给自己的生意加分。

## 任泉开店心得之二：要重视顾客的意见反馈

曾有记者问任泉对餐馆的管理心得，任泉的回答同样出人意料，他说："对于餐馆每月的财务报表，我并不很关心，但对于顾客的意见反馈和每样菜品的'点击'频率我却非常重视。从几个月一换的菜单到每个菜的价钱，我都要亲自过问。"

### 理财师点评

服务行业都知道"顾客就是上帝"，但却很少有人懂得"上帝"意见的可贵。事实上，顾客喜欢什么、讨厌什么，不是你认为怎样就是怎样的。只有实际的点菜情况，才能反映出顾客真正的喜好。所以，聪明的老板，是不会将顾客反馈出的信息置之不理的。

## 任泉开店心得之三：一定要有勇气

第三家店开张后，经常到任泉店里吃饭的北京朋友推荐他到北京开店。2003 年春天，任泉的"蜀地传说"落户北京女人街，生意出奇得红火。不过两个月后就关门了。"非典，是沉痛的打击，刚开一个多月，人都招齐了，七八十号人。"但是任泉并没有因此而放弃，非典过后，餐馆重新开张，餐馆又火了起来。"你要勇敢走出第一步。我周围很多人整天说，我要干这个那个，说了很久，你见他一年以后还在讲，根本没实施。我就说你不要想那么多，肯定有困难，你不能先想你的困难大于你承受这个风险，还有你愿不愿意承受当中的辛苦还有劳累，你不想得到就不要付出，付出就有收获，也许你第一次不成功，但你第二次就成功了，我这样认为。"任泉如是说。

### 理财师点评

做生意，总是需要一点勇气和魄力的。如果前怕狼后怕虎，那么有再好的想法，也只能变成空谈；如果在做生意的途中经历了一点挫折就不敢再冒险，那几乎是很难取得真正的成功的。所以，无论是开餐馆还是做别的，勇气是一定不能少的。

## 任泉开店心得之四：经验是成功之母

圈里的朋友都说任泉的店是开一家火一家，任泉说："不是我有什么

独特的秘方,而是这么多年的经验是很重要的,这么多年总结下来好的不好的、失败的或成功的经验对我来讲很重要。"

### 理财师点评

都说"失败是成功之母",其实,成功或失败得出的经验更重要呦!没经验也没关系,多向有经验的人请教,同样可以有收获!

## 任泉开店心得之五:人脉同样可贵

由于任泉在娱乐圈的人缘极好,各路朋友常来聚聚无疑为他的餐馆作了活广告。任泉更是非常看中这种广告效应,"人脉是金"的理念被任泉发挥到了极致:在每一间"蜀地传说"里,墙上都挂满了娱乐圈众位明星的照片和签名,使每一位食客都能感受到浓浓的"星味"。任泉还定期举办各种活动,为朋友间的交流合作牵线搭桥,增进感情。因而,光临"蜀地传说"的明星越来越多,因为他们在这里不仅找到了家的感觉,更是一个寻找机会的平台。

### 理财师点评

如今这年代,"酒香也怕巷子深",所以宣传很重要。然而,在宣传的各种途径中,熟人、朋友的口口相传与光顾,无疑是效果最佳又最省钱的办法。如果朋友中有几个需要经常请客吃饭的人物,那害怕没生意做吗?所以,开餐馆,一定要多多积累人脉!

## 小型餐馆起名七忌

理财
小贴士

店名是餐馆的首要招牌，店名不好，往往会影响到餐馆的盈利。一般来说，在起名时应注意以下几点：

### 第一，忌用冷僻字和多义字

小型餐馆的名字是供顾客呼叫和使用的，所以一定要大众化，要让顾客认识。试问，如果店名中有顾客不易辨认的字，顾客怎么会记住这个餐馆呢？

### 第二，忌仿冒和任意多变

小型餐馆的名字要与同类餐馆有显著的区别，才能起到容易辨别的标志作用，反之则混淆不清，影响餐馆的宣传。因此，在给餐馆起名时，一定要避免与同类餐馆名字雷同、仿冒，也要尽量避免虽文字不同，但发音相近或含义相同的名称。另外，在餐馆确立店名后，最好不要随意更改。

### 第三，忌违反法律

小型餐馆起名一定要严肃，要遵守国家《商标法》和国际《商标法》的有关规定。切忌使用与国家名称、国际组织名称相同或相近的名字，切忌使用带有夸大宣传性、欺骗性的名称作为店名。

### 第四，忌抄袭熟悉品牌的名称

有些人开餐馆喜欢仿冒名牌，误导顾客，借现有名牌的知名度扩大自己的影响力。认为一个知名的品牌无论用在哪里，都会给它的使用者创造出优良的业绩。事实上并非如此，如果两家餐馆的名字过于相近，其结果

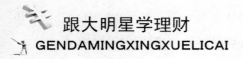

常常是其中一个为另一个提供了无偿宣传服务，从而使自己处于相当不利的地位。避免店名相近这一误区的办法，就是标新立异，切忌抄袭熟悉品牌的名称。

### 第五，忌用语不简洁

店名越简洁、明快，就越容易与消费者进行信息沟通，便于顾客记忆。店名越短，就越有可能引起顾客的遐想，含义更加丰富。

### 第六，忌店名不响亮、不易记

店名要容易上口，易于记诵。难于发音或音韵不好的字，难写或难以辨认的字，以及字形缺乏美感的字，或者容易引起歧义的字，都不宜用作餐馆的名称。

### 第七，忌无寓意

餐馆的名字必须具有一定的寓意，能使消费者从中得到愉快的联想。如"蜀地传说"四个字，既能让人明白是川菜，又引人联想。

# 高圆圆，开蜜桃餐厅，低调华丽的绽放

蜜桃餐厅，这名字甜蜜到仅听名字，就知道它一定和漂亮的女孩子有关，没错，它属于高圆圆和她的两个闺蜜。

在大家的印象中，高圆圆一直都是清纯可人的，对名和利更是心静如水。高圆圆成名以后，荷包日丰的她，并没有像其他明星那样利用自己的名气开酒吧和歌厅，为此她曾经拒绝了不少合伙人。而之所以开了这家蜜桃餐厅，最初则纯粹是为了"闺蜜间聊天，有个自己的小小空间"。

但这并不代表高圆圆不懂经营，经济管理专业毕业的她，其实非常内行。据说在开业之前，高圆圆就非常低调地邀请了不少圈中好友前去店里试吃，在获得朋友的肯定和好评后，才信心大增。

蜜桃餐厅自开业以后，生意一直不错，2010 年朝阳大悦城开业后，高圆圆还在那里开了一家分店。看来，一向对投资没什么兴趣的高圆圆，真正动起手来，可比某些明星强多了。

要说高圆圆开"蜜桃餐厅"的目的，赚钱实在是次要的，但她在满足自己需要的同时，能把它经营得风生水起，自然是有一套生意经的。那么，高圆圆开餐馆的窍门是什么呢？其实很简单：

## 高圆圆开餐馆窍门之一：以特色菜为卖点

对于蜜桃餐厅，高圆圆并没有走很高调的明星路线，而是主打云贵风味，以特色菜为卖点，走平实路线。酸汤系列、干锅系列以及桂花山药、蜜桃馋嘴骨、安顺幺铺毛肚、毕节酸菜炒汤圆，都是这里的特色菜。尤其是凯里酸汤鱼，加入了很多特产糟辣椒和许多有营养价值的中草药，借番茄的酸烹出自然酸汤，极其美味……可以说，这是蜜桃餐厅能够被大家喜欢的最主要原因。

### 理财师点评

对于任何一个食客来说，享受美味，才是去餐馆最直接的目的。但是对于餐馆来说，光有美味还远远不够。就拿普通的宫保鸡丁来说，你家做得好，别家做得也未必差，如果你的餐馆里没有几道别家没有的特色菜，那很难拉到回头客。所以，要想让客人在林林总总的餐馆中独独钟情于你，有几道特色菜非常有必要。

## 高圆圆开餐馆窍门之二：营造了一个舒适优雅的就餐环境

正如前面所说，高圆圆之所以开了这家蜜桃餐厅，最初纯粹是为了"闺蜜间聊天，有个自己的小小空间"。所以，高圆圆最初在装修 SOHO 尚都的蜜桃餐厅时，把它设计得亲切而温馨：落地的玻璃窗和微微扬起的半透明窗帘，淡黄色的灯光，紫色的沙发椅，透明的水晶帘，朋友们绘的可爱的装饰画，白瓷瓶里开得热烈的花……这是几个女孩子一手打造的风格——如果她们在一起聊天，想要的就是这个样子。

理财师点评

坐在优雅的包间里吃一餐家常便饭，和站在嘈杂的大街上吃鲍鱼相比，恐怕大多数人都会选择前者。因为人在吃饭的过程中，不光是为了满足口腹之欲，还为了放松和享受。所以，营造一个舒适优雅的就餐环境，也是餐馆需要考虑的重要因素之一。

## 高圆圆开餐馆窍门之三：谦虚谨慎的态度

高圆圆的谨慎，主要体现在菜品的选择上。前面我们已经说过，蜜桃餐厅开业之前，高圆圆曾非常低调地邀请了不少圈中好友前去店里试吃，在获得朋友的肯定和好评后，才信心大增。也正是因为如此，最后落在菜单上的菜品，才让食客们津津乐道，而不是指手画脚。

理财师点评

开店前请朋友试吃，几乎是每一个谦虚谨慎的老板都会做的事。因为你餐馆里的菜好不好吃，不是你一个人说了算，大家的意见，才能代表顾客的意见。所以，如果你也想开一家生意火爆的餐馆，谦虚谨慎的态度是不能少的，哪些菜品上菜单，哪些菜品推特色，多听听朋友的意见，不会有坏处。

理财小贴士

### 三招帮你找出适合自己餐馆的特色菜

一个餐馆要想生意兴隆，宾客如织，特色菜是一个必不可少的卖点。那么如何才能确定自己的特色菜呢？我们不妨从以下几方面入手：

　　首先，要明确餐馆的经营方向。餐馆的菜肴主打浓郁还是主打清淡？山珍还是海鲜？大菜还是小炒？南方菜还是北方菜？你最好选择一种为主。只有这样，你的市场定位才鲜明，才能根据主打方向做出"特色"。

　　其次，要有一些主要菜肴，并且尽可能地有特色。可以在色、香、味、形、器上做一些和别人不一样的设计，比如同样是一道红烧肉，别人家的是"味道好"，而你家的"炖得烂"，讲究入口即化，这不就是特色吗？再比如，同样是北京小吃麻豆腐，别人家为了迎合大众口味进行了改良，而你家却以味道正宗地道为卖点，这也是一种特色。那么如何才能确定主要菜肴呢？很简单，只要想，如果只让你的饭馆卖 10 个菜，你会留下哪 10 个？这 10 个就是主要菜肴了。

　　再次，如果让你的饭馆就卖一个菜，你最想卖的是什么？这一个就是你千呼万唤始出来的"特色菜"。这个菜，就是你的"王牌"，就是你安身立命的法宝。

# 庾宗康，经营的酒吧魅力四射

在台北，夜生活多姿多彩。可以去看场电影，可以到诚品书店闲逛，可以上著名的"猫空"欣赏夜景，再不然就到酒吧坐一坐。酒吧是台北夜生活中不可缺少的点缀之一。明星们向来喜欢凑热闹，自然不会放过这个既能玩又能赚钱的好机会，因此，台北很多本土明星都曾涉足过这个领域，就连香港明星黄秋生都来插一脚，在乐利路开设酒吧"4PLUS"。不过，要说这其中最著名的，则非"ROOM 18"莫属。

关于"ROOM 18"，你可以说她是艺人庾宗康的店，你也可以说这家店是台北 Lounge 文化地标、知名度最高的夜店之一——不过，无论如何，如果你只是曾经听别人提起"ROOM 18"，却没有自己来过，那恐怕你还不能理解这家高知名度的夜店的魅力。

"ROOM 18 "的店门没有什么多余的装饰，门右边的墙上写着"1"和横写的"8"，有点像"100"。但进去后却别有洞天，天花板上灯光如繁星闪烁，会很自然地有一种放松的心情。

相比一般的夜店，"ROOM 18"的吧台要矮一点，后面忙碌的据说多半是帅哥，因为招募人手时号称外型气质要占一定比分。另外，考虑到不同人的需求，ROOM18 还分成了几个区域，除了舞池，还有开放式的沙发区，庾宗康说是特意设计给初认识的男女交友聊天用的，有饮酒区，有专门开辟给年轻人玩 HIP- POP 的局域，更有 T 台可以走"猫步"。

也许正是因为庹宗康的独具匠心，"ROOM 18"自开业以后，生意一直都非常好。据说"ROOM18"最初的店址在"华纳威秀"内，生意火爆时，等候进场的的人龙要从"华纳威秀"一直排到"纽约纽约"（台北的另一购物中心）。

除了吸引普通玩家之外，"ROOM 18"亦深得圈内明星喜欢，侯佩岑等人过生日都会选择在那开派对。曾有人笑称，看一个明星红不红，放他去 ROOM18 就行了，真正的大牌，在门口就会被守门者认出，免票进入；而不够红的艺人，麻烦买票入场。虽然庹宗康公开表示凡艺人入他的夜店都免票，但仍被爆出，曾有不是很红的艺人被拦在门口，愤然假装打电话给他的合伙人，不过，守门侍者仍旧未让该"星"入内。

由于"ROOM 18"每年都会把员工送去英国培训，学习调酒与打碟，所以，它不但被客人所追捧，更是打工者的骄傲。在"ROOM18"打过工的艺人 JUNNO 就曾在《康熙来了》上表示，当初能够进那儿打工曾令同学十分羡慕："感觉就像别人还在念书，而你已经在华硕工作了。"

有人曾询问庹宗康开店的秘诀，庹宗康回答说："我觉得要开店一定要有特色，你看现在那些知名的店，说出店名大家就会知道哪家是专放电音的、哪家是跳 DISCO 的、哪家场地最大、哪家调酒最多……等等，所以重点是能不能把一个店的特色做出来，做得出来就比较有机会胜出，因为餐饮的东西变化有限，但是最后客人会记住的，是一家店的特色，所以不论多远，只要是有特色的店，一定可以吸引客人上门。"

那么庹宗康在经营"ROOM 18"时，是从哪些地方入手，创造出专属于它的特色的呢？总结起来，主要有以下几点：

## 庹宗康"ROOM 18"特色之一：无敌的音乐

关于"特色"那段话，是经营夜店超过 10 年的庹宗康的心得。所以

"ROOM 18"的音乐元素颇多，嘻哈、R&B、复古、流行或是经典，非主流的音乐都会出现在这里，像伦敦电音乐团 Spektrum 成员 Isaac Tucker 就曾去"ROOM 18"献技。正因如此，"ROOM 18"的音乐非常有名，甚至有唱片公司愿意帮他们出名为"18 房音乐"的专辑。

## 理财师点评

很多人与其说是对夜店着迷，不如说是对夜店里的音乐着迷，如果一个夜店没有出色的乐队，或者干脆用音响放些音乐，那还不如去咖啡馆或西餐厅。所以，想开夜店的朋友，请几支好的乐队来驻唱，绝对有利无害。

# 庹宗康"ROOM 18"特色之二：别具一格的调酒

"ROOM 18"的调酒，特别请了一个英国籍的顾问来坐镇，有很多酒都是新鲜水果打碎、榨汁、含着果粒放在杯子里，看起来五颜六色很漂亮，喝在嘴里酸酸甜甜像是果汁，这让即便不喜欢浓郁酒味的客人，也能够轻松地享受调酒饮料。而一度被外界认为拥有全台北最 IN 的鸡尾酒——用新鲜草莓和葡萄调制的粉红色的 FINESSE，在"ROOM 18"最畅销。

## 理财师点评

在很多夜店里，酒单都差不多，调酒就是那几样，永远不会变，接下来就是啤酒、红酒、白酒、威士忌等等。或者永远都是啤酒，再不然就是烈酒，火辣辣一路下去，不但女孩受不了，男人也会厌烦。所以，夜店既然又被称为酒吧，那么，从"酒"上做点创新，更能让人对它印象深刻。

## 庹宗康"ROOM 18"特色之三：多变的装修风格

说起"ROOM 18"的装修，庹宗康可是费了不少心思。他每年都要对店里进行一次主题装修，对于这个高招，他倒是蛮谦虚的："没有办法，客人都是贪新鲜的。一间店两年都一个样，谁还要来啊。"

### 理财师点评

保持着客人的新鲜感，的确是吸引顾客的一个好办法。不过，这个方法未必人人都用得起，毕竟装修是个费时又费钱的事，所以，对于这个方法，要视自己的能力而定。

## 庹宗康"ROOM 18"特色之四：各种有趣的活动

"ROOM 18"有一个很大的特色，就是会定期举行主题派对。据说"国光帮"的屈中恒夫妇就是在庹宗康举行的制服派对上认识并结缘的。庹宗康说："他们两个都选择了穿小学生的制服，觉得很有默契就开始聊天。"

### 理财师点评

夜店是玩的地方，既然玩，自然是花样多多才更有趣。所以，夜店老板定期举行一些主题派对，的确是聪明的做法。

## 庾宗康 "ROOM 18" 特色之五：对 "冷落日" 的利用

夜店并非每天都能宾客盈门，不管哪里的夜店都难免遭遇周一至周四工作日时门庭冷落的局面。所以，许多夜店在星期一甚至到星期二是不营业的，但 "ROOM 18" 却很精准地抓住了喜欢品尝调酒的商务客人，以精致化的路线开辟了星期一和星期二晚上的 "Eighteen Lover" 客源，让想要放轻松、纯粹聊天的人可以享受一个有格调、不吵闹的放松空间。正是因为这种贴心，"ROOM 18" 才会有一群下雨天也要排队进场的忠实客人。

### 理财师点评

无论什么行业，都有生意不好的时段，但生意不好不代表就没有生意。只要抓住时机，开动脑筋，填补上这个行业的某个空缺，同样会带来好生意。

### 理财小贴士

### 夜店服务员培训须知

要想经营好夜店，除了要在音乐、调酒、装修等方面打造出自己的特色，店内员工的优良服务也是一个重要因素。因此，投资者在对员工进行培训时，以下几点不可忽略：

### 第一，要微笑迎客

客人到来时，应主动打招呼，笑脸相迎，并用优美的手势把客人迎进

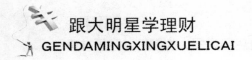

酒吧，熟客可直呼其名，配以"大哥"、"老板"等，以增加客人的亲切感。

### 第二，为顾客服务时要知避讳

顾客进店后，与朋友交谈是很自然的事。但为了避免让顾客误认为你在偷听他们的谈话，服务员把酒水送给顾客并询问是否有其他需求后，应立即退离客人附近。另外，除非客人与你直接交谈，否则不要随便插话。

### 第三，记住"女士优先"原则

"女士优先"，是国际社会公认的一条重要的礼仪原则，所以投资者在对店员进行培训时，一定不能忽略这一点。不过，在留意"女士优先"原则的同时，也不要冷落其他客人，甚至引起误会。

### 第四，顾客永远是对的

要知道顾客就是上帝，店员一定要认真对待、礼貌处理客人对夜店的任何意见和投诉。

### 第五，要轻声应答

员工在回答客人问题时，应避免声音过大，保持适合音量，做到自然和气。

### 第六，要牢记酒水品牌

酒水是夜店的灵魂之一，所以一个好的夜店，店员会牢记夜店内所有酒水的品牌、价格及其他特性，并能记住熟客所喜欢的牌子和喜好。

### 第七，要令顾客放心、舒心

比如倒酒、调酒时，应该在客人能看得见的情况下进行，让客人欣赏服务技巧的同时，也放心酒水的卫生及质量。

# 吴大维，私密式经营，成就"官邸"星光

娱乐版头条各位明星的绯闻故事交相辉映，发生地总是很巧合却又意料之中地在官邸，这不禁让人好奇，这大名鼎鼎的官邸到底是怎样一处所在？

说起官邸，那可绝对是一个名副其实的明星店，这不仅因为它是明星聚集的地方，还因为它的大股东乃是娱乐圈的活跃人物——吴大维。

出生在台湾的吴大维，身兼演员、歌手、主持人及 VJ 数职于一身，不仅多才多艺，而且颇具生意头脑。他投资的这个官邸，坐落在上海复兴公园的后门，独门独院，对着喷池，依靠着公园的内廊，白色的院墙，低矮的屋顶，郁郁葱葱的植物，环境宁静而幽雅。

官邸的设计很内敛，推开厚厚的深胡桃木门，室内一律深色木质基调，宽大的落地窗，用古色的木窗帘掩上，兼顾了简约现代感和私密性。罩灯也有特色，按"中国风"订制，灯光暧昧鲜艳，媚自骨中生。除了开放式区域，官邸内还有几个独立开间的 VIP 包房和上海独一无二的香槟吧，酒吧室外还有一个按江南古园林设计的庭院，精巧别致。

官邸的最大特色，是只有会员才能入内，每个成为会员的客人，都能得到一把"回家钥匙"——官邸门卡，来官邸时，只需刷卡便可入内。这虽然使得很多人被挡在门外，却成就了上海首家私家会所的盛名。泛着蓝光的湖水边，那灯火摇曳的官邸酒吧，愈发的神秘而诱人。

而对于客人来说，这种"回家"的感觉，则让他们倍感安全和放松，尤其是明星大腕们，小报记者被挡在了门外，终于可以安全享用自己的娱乐空间了。据说官邸还有一个专为那些不喜欢见光的明星特设的秘密通道，当娱乐记者还在这边急巴巴的候着时，那边早已坐上车一溜烟地走了。

所以，从严格的意义上讲，官邸其实是一个高级的私密性俱乐部，刘嘉玲在裸照事件最困难的时刻选择在这里安静地和好友度过生日，足见明星们对它的信赖。

2006 年之后，官邸取消了只有拥有 VIP 会员门卡才能入内的限制，使得更多的普通人可以尽情享受时尚的感觉。但早已名声在外的官邸并没有因此受到影响，它依然是上海酒吧界的时尚宠儿，总能最快最多地引来时尚聚光灯和标榜时尚的人们。

没有了身份象征的 VIP 门卡，却同样可以享受官邸的 VIP 待遇，这使得越来越多的人带着不同的目的来到官邸，听听歌、喝喝酒、跳跳舞、聊聊天，或只为看一下最近在媒体上正走红的那个明星是否会在这里出现……

想当初官邸在复兴公园开业时，几乎所有的媒体报道都把股东吴大维抬出来做活招牌，"官邸酒吧星当家"、"当红艺人聚会地"之类的标签纷纷浮出水面。托了吴大维的福，当年的确有不少明星在官邸出入，刘嘉玲、赵薇、潘玮柏、姚明等大腕都是这里的座上宾。然而，若说官邸的成功之道，"明星店"这个招牌只能算是其次，吴大维的独特经营才是主要的，那么官邸有哪些地方是值得我们学习的呢？我们不妨来分析一下：

## 吴大维"官邸"经营特色之一：走高级私密式俱乐部路线

作为散发着国际都市时尚气息的上海，酒吧是必不可少的一道风景。

但走高级私密式俱乐部路线，实行会员制的，"官邸"却是第一家。官邸的这种经营模式，虽然让客源受到了限制，但却给它增加了更多的神秘性，让很多对它可望而不可及的人充满向往，进而名声大振……

### 理财师点评

会员制，总是能给客人一种优越感，而像官邸施行的这种只有会员可以入内的做法，则更适合高端客户。不过，如果你没有吴大维那样广阔的交际圈子，在前期客户的开发上可能就要多用些心思了。

## 吴大维"官邸"经营特色之二：给会员发放"官邸门卡"

给会员发放"官邸门卡"，可以说是官邸最贴心的一项创意，会员拿着门卡自行出入，这种"回家"的感觉，恐怕让每一位客人都能体验到一种别处无法体验的轻松和放心。单是这一点，足以抓住客人的心了。

### 理财师点评

给会员发放门卡，可以给会员良好的优越感和归属感，但也容易把一些潜在客户挡在门外。所以，这个门卡要怎么发，何时发，都是学问，需要好好研究哦。

## 吴大维"官邸"经营特色之三：给人新鲜感

在夜场浸淫多年的吴大维深谙这一行的"明规则"。"其实出来玩的人就那么一群，他们都是喜新厌旧的，所以夜店时间长了就要改一改。"从神秘莫测的众星捧月，到激情澎湃的贴身热舞，从极致奢华的细心装扮，

到炫酷潮流的至 IN 混搭，在 10 多年的历程中，官邸正是沿着这种理念，才完成了一次又一次的华丽转变。

### 理财师点评

给人新鲜感这一观点与开酒吧的庹宗康可以说是不谋而合。看来，玩夜店的人都是喜欢新鲜的，所以，对于开酒吧的朋友来说，无论是大改，还是小改，记得适时的改一改店面和装修，是很有必要的。

## 理财小贴士

### 常见的几种酒吧类型

其实，酒吧经营的模式有很多，常见的主要有餐厅酒吧、清吧、表演酒吧，投资者可以根据自己的喜爱来选择。

所谓"餐厅酒吧"，是指同时具有餐厅和酒吧双重身份的酒吧。午餐和晚餐时分，它的角色就是西餐厅，以经营正规的西餐为主。为了迎合本地人的口味，也会增加一些东南亚或中式的菜式。然后在客人用餐之余不忘自己的酒吧角色，及时推销饮品。而过了饭市时间，酒吧就以销售酒水为主，一般以清淡酒吧的形式经营。除了提供酒水外，还提供一些制作比较复杂的小食，供客人佐酒，以便销售更多的酒水。

这种酒吧的经营特点是"大小通杀"，既想做西餐的生意，又不放开酒吧的经营，同时也有保险经营的想法。因为要是酒吧的生意不好的话，可以在西餐的生意上补上；要是西餐的生意不行，可以在酒吧的生意上拉一把。但是这种酒吧一般娱乐性不高，特色不明显。成功与否，更多的依靠天时地利和广告宣传。

所谓"清吧"，是指以轻音乐为主、比较安静、没有 DISCO 或者热舞女郎的那种酒吧。这种酒吧的经营时间一般是在晚上，不仅经营饮料，还提供可以填饱肚子的食物，但可供选择的品种不多。一般客人都不会选择在这里用餐，除非一些"忠实拥护者"。

这种酒吧一般把吧台造得比较大，占整个酒吧的比例较重。吧台一般做成英式吧台——U 型、方形或圆形，既是调酒师的表演舞台，又是酒吧的中心。凳子都围绕着吧台，其余的地方根据需要安放桌椅。

这种酒吧最适合比较活跃又可能没有伴的客人，因为他们无聊的时候可以欣赏调酒师调酒。调酒师有空的时候也可以跟他们聊聊天，甚至可以跟客人玩玩简单的游戏，因此比较有人情味，客人也很容易跟调酒师成为朋友，从而令酒吧有一批固定的客源，但这就对调酒师的素质有很大的要求。按行内的话来说，调酒师除了调酒，还是演员（表演者）、公关人员。

"表演酒吧"从传统的酒吧发展而来，一般采用以表演为主的经营模式。来光顾的客人着重于欣赏表演，客人的消费也是以"劈酒"（客人通过游戏竞饮）为主。因为场地比较嘈杂，不宜聊天交谈，所以最适合喝酒和欣赏表演。这种酒吧一般都设一个小舞台，供乐队唱歌表演，现时流行的"Bar Show"也适合在这种场所进行。热闹的气氛，强劲的音乐容易鼓动客人的情绪，可以制造一个又一个的高潮，同时会吸引更多喜欢热闹的客人。很多的经营者喜欢把这种经营场地命名为夜总会。

当然，现在酒吧的经营模式也不只限于这几种形式，随着竞争的白热化，经营者的经营思维也越来越多、越来越新颖。成功的经营者，他的经营模式是永远走在别人前面的，因为顾客永远是喜新厌旧的。

# 李小璐,美国开超市,以爱情为主题

3 岁就开始拍戏,17 岁时获得了台湾第 35 届金马奖最佳女主角,成为最年轻的金马影后——这对演员来说,无疑是个奇迹,而这个奇迹的创造者——现已大红大紫的李小璐,却不只是会演戏的演员,还颇具经商天分。据媒体报道,李小璐从 18 岁开始在美国开小型超市,记在李小璐名下的 5 家超市,单店的年营业额都是以亿元(美元)计算。

说起这开超市的想法,还是受一袋方便面的启发。李小璐 12 岁跟着家人定居美国。一次她想煮袋方便面吃,妈妈说去超市买,但想想近半个小时的车程,顿时让她没了胃口。李小璐觉得,美国人太缺乏商业头脑,投资者只设立大型的购物中心、超市,两家超市最近的距离也要十几公里。

为什么不自己开一家小超市呢?李小璐心动了。过完 18 岁生日,李小璐将中国人做社区便利小超市的理念带到了美国,她给自己的小超市起了个名字——Lulu Car。为了招揽客源,李小璐打出了"新店开业,连续 22 天 8.8 折"的招牌。22 天促销结束后,小超市净收入 550 美元。

随着 Lulu Car 的 8.8 折促销结束,小区居民似乎也随着捡便宜热潮的退去而对这个小超市失去了兴趣。第二个月,Lulu Car 净负 888 美元。朋友杰西开导李小璐:"除非有格外新鲜的亮点,否则这些人到大型超市购物的习惯一时间是很难转变的。"那么在遇到这个问题时,李小璐是怎样解决的呢?这就回到我们的老话题——经营绝招上了。

## 李小璐开超市绝招之一：在新鲜感上做文章

话说，超市发展在遇到瓶颈时，朋友杰西的话提醒了李小璐，为何不在新鲜感上做文章？随着情人节临近，她有了主意：即便人各有各的生活习惯，但爱情却永远新鲜！

李小璐将 Lulu Car 改名为 Love Car，小超市的经营主题从便利转向了爱情。她把情侣相架、情侣杯、交换日记本等一对对地摆在小店最显眼的位置，彰显超市的经营主题。

随后，李小璐又给店内的其他商品进行"爱情式配对"，比如把香草味与巧克力味的冰激凌一支一支地穿插开，促使喜欢甜味的女士与喜欢浓郁味道的男士共同购买；沙拉酱与生菜、紫橄榄、玉米粒放在一起，让人在挑选其中任何一样时，都有做沙拉配菜的愿望；蔬菜汁与方便食品结伴同行，旁边放上温馨提示卡：填饱胃的时候别忘了增加营养……

于是，越来越多的人宁愿多花几美元、十几美元到 Love Car 购物，只为了听一些科学的膳食建议，以及淘一些李小璐精心挑选的精致情侣小礼品。很快，李小璐就惊喜地发现，每月的净收入达到了 2500 美元。李小璐决定追加投资，扩大经营。

### 理财师点评

创新，几乎是人类永远的话题，生产上求创新，人类的生活才能有进步；做生意求创新，财源才会滚滚而来……李小璐将普通的超市加入爱情的经营主题，可以说是在美国打了一个漂亮的创新战，最后谁是赢家，不言而喻。所以，我们无论开什么店，多动脑子，多多创新，是永远都不会错的。

## 李小璐开超市绝招之二：用卡片作为顾客收获意外的媒介

在这期间，李小璐回国拍了一部反映国内都市白领生活的电视剧。戏里有一场剩男剩女相亲会，父母们很认真地准备精致的卡片，上面写着自家孩子的基本情况及征婚条件。

这让李小璐再次产生了新灵感。她马上进了一批很漂亮的小卡片，摆在超市最显眼的位置："嘿，如果你想拼车、想找聊友、想做二手交换，甚至寻找友情、爱情，那就请买一张 2 美元的小卡片吧，贴到 Love Car 的招贴墙上，会有意想不到的收获等着你!"

随着 Love Car 的日渐红火，李小璐在洛杉矶一口气盘下了 5 个营业面积超过 1000 平方米的库房，改头换面装修成了超市用地。根据洛杉矶华人商会的非官方统计，Love Car 第一年就占据了该市超市经营市场份额的11%，而沃尔玛也不过只有 39%……

### 理财师点评

用卡片作为顾客收获意外的媒介，恐怕是很多人打破脑袋也想不出来的妙招。但李小璐却做到了，这也是她小小年纪便成了名副其实的小富婆的原因。其实，我们在开店时，完全可以借鉴李小璐这种创新精神，多多开动脑筋，让自己的小店多些特色和与众不同。

### 经营超市不可忽略四要素

在众多的开店项目中，开超市，是相对比较简单的一种，但是也有很多需要考虑的因素：

### 第一，选址问题

超市选址，要看周围的潜在客户有多少，人口密度是否高，能否提供足够的交通工具（场所）给顾客。另外，小型超市的店址最好设在居民聚集区或小型商业区，顾客步行 10 分钟，乘车或骑车几分钟就可到达的地方。

### 第二，规模

一般来说，2000 户的住宅小区，可设 1 家 600～800 平方米的小型超市；10000 户的住宅小区，可设 1 家 2000 平方米的中型超市。

### 第三，商品的选择

经营什么样的商品，要看所在商圈的居民购物习惯。尤其是对于小超市而言，选对商品，是避免积压的最好办法。怎么选呢？首先，要调查你周围的环境，是否已有菜场之类的，如果有，建议你在初期暂时不要考虑经营生鲜类商品，因为损耗太大，你很难控制。其次，商品的选择，一定要以民生为主。食品方面，以粮、油、调料、水、奶、饮料、冷冻冷藏商品为主，酒、休闲小食为辅。日用品方面，以内裤、袜子、毛巾、拖鞋、厨房清洁用具、卫生巾、纸巾、电池、排插、灯泡为主，至于洗发水建议考察周围的市场环境再考虑，但沐浴露、香皂还是可以经营的，同时此类商品的选择也很重要，不能经营太多的品牌。

### 第四，会员卡的建立

是否需要建立会员卡，同样需要考虑你周围的消费群体，要看值不值得建立。

# 容祖儿，短期经营二手衫店，捞钱就闪

自 15 岁出道至今，容祖儿经过多年的娱乐圈生涯，在音乐、电影、电视方面如日中天，被誉为香港乐坛的一代天后。近年来，这位香港乐坛"一姐"更是唱片频出，广告不断，收入大涨，已拥有上亿资产，被封为香港最富有的女歌手。

作为天后级的人物，容祖儿对于投资理财相当有心得，在她看来，理财不仅可以让财富增值，还是一种生活的小乐趣。所以，尽管身家上亿，容祖儿仍然不放过每一次赚钱的机会。

这不，早在 2007 年时，考虑到那一大衣橱又一大衣橱的衣服搁置在那里不穿太过浪费，便冒出了开个二手衫店的想法。

经过多天的筹备，至 8 月 15 日二手衫店正式开张时，容祖儿共收集了约 3000 件不同牌子的服装，其中除了自己的衣服，还有 Twins、蔡一杰和郑希怡捐出的服饰。8 月 15 日容祖儿的二手衫店还未到营业时间，门外的粉丝便已排起了等待入场的长龙。而蔡一杰的到场支持，更是吸引了大量传媒到场采访，使她的商铺人气旺盛，挤得水泄不通。

店员表示，fans 相当热情，对偶像什么时候穿过什么衣服如数家珍，"门外一直都有人排队，卖的最多的是容祖儿的衣服，定价比较便宜，好多人抢购。"正是因为这么好的销售情形，二手店首日便有五位数字的进账，一度卖到断货。

谈到开店的感受，容祖儿说，在整个过程中，最困难是标价，所以差不多所有的衣服都是一折出售："我最贵那件都只卖1000多港元，最便宜的50港元都有，真的好超值！"

对她来说，另外一个难题是选择衣服。据说她在挑选衣服时，几乎捡到手指流血，不但连续熬了数个通宵，而且面对一大堆衣服总是感到依依不舍，因为每件衣衫背后都有美好的回忆和纪念，所以取舍之间也让她叫苦连天，"每件衣衫都在不同的演唱会中穿过，没地方放只好硬着头皮卖掉"，"好多都是助理从我手里抢出来的"！

此外，她特别强调所有出售的服装都已洗干净，确保卫生。而蔡一杰则透露自己的很多衣服都在日本购买："有件Prada的衣服只是卖300块！真的很实惠！"

## 容祖儿开店绝招：短期经营，捞钱就闪

虽然容祖儿这个二手衫店生意火爆，货源也充足，但是她并没有把这个店长期经营下去，而是采取了短期经营的策略，以观后效。看起来容祖儿虽然没什么做生意的经验，但是生意头脑却十分灵光。

### 理财师点评

"短期经营"的策略，更适合一些特殊的个案，比如容祖儿这样的名人。所以，小编在此更想说一说容祖儿这个二手衫店带给我们的思考——二手服装店的商机。

二手服装店在服装销售市场上火热的背后，自然有它独特的魅力：价格低，带给消费者实惠；服装档次高或者服装有个性；符合如今提倡的环保理念；年轻人个性的消费理念等等，这些原因都成为二手服装店火热的原因。在韩国、日本，各类二手服装店已开始火热。

## 理财小贴士

## 二手服装店经营攻略

很多人认为，对于我们普通人来说，经营一个二手服装店并不可行，因为中国跟韩国、日本不同，人们并不是那么容易接受"二手"的东西，尤其是服装。但本人觉得，二手服装店是否可行，关键要看货源和服装档次。

根据调查来看，中国目前尝试开二手服装店的，多是在货源方面有优势的上层人士，出售的服装也多是奢侈品牌，或者是明星自己定制的一些服装。而二手服装的接受者，相对来说，是对时尚敏感度比较高的一些消费者。所以，想开二手服装店的人，必须要具备以下几点优势：

### 第一是产品优势

就现代人的消费水平而言，如果不是对品牌、时尚有过高要求，每年买几件新衣服，都不是什么问题。所以，如果是普通的二手服装，一般来说，不会有很好的销路。但是一些大牌的服装却有所不同。很多对时尚敏感度高的年轻人，对于大牌服装极度渴望，却是欣赏有余而财力不足。这也就给品牌的二手服装提供了市场。因此，要开二手服装店，最好选择一些顶级服装品牌，而且是穿着的时间比较短、款式新、利于二次销售的产品。另外，店主在选择货源时，一定要严格要求，凡是有污渍破漏的都应拦在门外，无污渍无破损的，也要拿去干洗、消毒，才能放到店里销售。

### 第二是货源优势

即开店者与上层消费者要有良好的关系，可以拉拢到顾客将买过却没穿过的衣服送到店里寄卖，或者回收到二手的顶级品牌服装。所以，没有这种人脉资源的人，是很难开起一个顶级的二手服装店的。

**第三是顾客优势**

来这样的店铺消费的对象，在国外是很多追求个性的年轻人，在中国则多是一些有社交需求的商务人士或者其他上层人士。培育这样的消费群体，也需要店主有自己的人脉优势。

# 第五章
# 赚钱与兴趣同步，明星收藏亦有道

随着时间的变迁，当明星们把餐饮、房地产和股票等投资项目尝遍后，收藏又成了他们关注的一大热点。有资料显示，在搞收藏的群体中，除了房地产老板和海外投资家，剩下的主力军便是演艺界名人了。像王刚、张铁林、海岩、王中军、冯小刚、张涵予，在收藏界早已是名声大振，而张信哲对织绣的偏爱、谢霆锋对吉他的痴狂、赵本山对普洱茶的迷恋，则更是让人们眼界大开——原来可以收藏的东西有这么多。虽然明星搞收藏目的不一，但就投资理财的眼光来看，却也不失为一种赚钱手段，很值得我们学习。

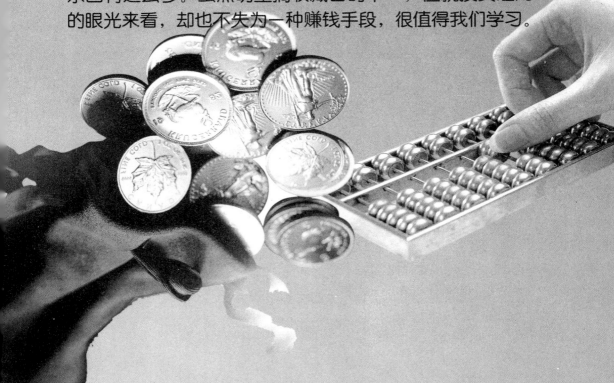

# 舒淇,藏酒卖酒投资有方

入行18年，从最初遭人非议，到后来成为让人敬服的金马影后，从人们对她的认识只有肤浅的"性感"，到逐渐看到她的知性、优雅和智慧，舒淇的演艺路，是一部青春的奋斗史，更是一段无法复制的红尘传奇。有着传奇经历的舒淇，还保持着另外一个传奇——酒量上的传奇——自入行以来，从未有人见她醉过。

舒淇不但能喝酒，也懂酒，就连理财方式，都跟酒息息相关。这么多年以来，舒淇除了挣拍戏、广告代言的钱，投资过的项目不少：和朋友合股开餐厅、投资房地产、买基金、收藏名表……可以称得上是全方位投资。但对于她来说，最感兴趣也最有心得的投资，却是自己的爱好——酒。

舒淇爱酒，说起来还要归功于她的父亲。据舒淇透露，在父亲的影响下，她10来岁时就接触酒了，虽然喝的都是些便宜的本地产散装酒，但她很快就品出了白酒的韵味与醇厚。后来，舒淇做了模特，经常要出去吃饭。面对那些想灌醉自己的有钱老板，舒淇的好酒量，倒成了保护自己的有效武器。

但是，一次品酒游戏让舒淇突然意识到，对于一个爱酒之人，光有好酒量是不够的，还得懂酒。于是她开始有意识地收集关于各种酒的知识，

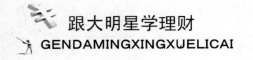

而且每逢收入有盈余的时候，便买一些好酒细细品尝。随着事业的风生水起，舒淇的收入越来越高。但她并没有像其他人那样搞各种投资，而是仍把大部分闲钱都用在了买酒上，还在香港专门修建了藏酒的小地窖。这让很多人不解，就连圈中好友郑伊健都开玩笑说："别人都买贵重品等着升值，舒淇只买各种酒，我们也不知道她想拿这些东西做什么。"

然而，人生中总是会充满意想不到的惊喜。当年拍完电影《非诚勿扰》，舒淇得知葛优想买加拿大的 Summer Hill 冰酒却一直买不到，想起自己正好有此收藏，便飞回香港，特地用保温箱装了 3 瓶珍藏了十几年的 Summer Hill 送给葛优。本来是作为礼物送人的，没想到葛优不收，他的理由是：大家都是爱酒之人，能够割爱已是很大的人情，如果不花钱的话，他宁愿去别处买。

要说这 Summer Hill，乃是加拿大国酒中的极品，8 公斤上等葡萄才能酿造出一瓶 375ml 的酒液。舒淇当初购买这批酒时，每瓶已高达 1300 港币，她当时收藏了 12 瓶，后来喝掉了一半，只剩下 6 瓶。由此我们也可以理解葛优为什么不肯接受这份大礼了。

推让之下，葛优最终按照市价的九折买下了这 3 瓶酒。虽然知道酒在增值，但拿到酒钱后，舒淇还是大吃一惊：3 瓶酒的市价竟然高达 6 万元，十几年间增值 1500%，平均每年增值 100%！这让无心插柳的她突然意识到，原来藏酒也是一项不错的投资。

因为在酒界的知名度越来越高，2008 年 10 月，顶尖的香槟酒 Dom Perignon 邀请舒淇担任品牌代言人。这使得舒淇有了更加便利的途径从事自己的藏酒爱好，因此对于藏酒的投资额度也越来越大，并做起了酒买卖。

颇有生意头脑的舒淇为了做好卖酒业，在自己的吉士酒家开了个门市部，在展台处摆上了喝空的酒瓶。如果哪个顾客想购买某款酒，可以预订，预订好的酒会在一个月内从酒窖运到吉士酒家，再通知顾客前来提货。

2009 年是舒淇卖酒的第一年，净收入超过 80 万元人民币。虽然这个数目不及舒淇年收入的 1/30，但她已心满意足。那时，在金融风暴中，身边的朋友都因股票骤降、房产贬值而身价大减，唯有她窖中的美酒依然增值。

作为一个爱酒之人，舒淇认为自己藏酒卖酒的独特理财方式根本不存在风险：好卖的时候就卖，不好卖的时候就自己喝。要么赚钱，要么赚个口腹之欲，绝无砸在手里之虞。

## 舒淇藏酒心得之一：葡萄酒只买大瓶装和最佳年份顶级酒

随着葡萄酒市场的兴起，明星投资葡萄酒已不是什么新鲜事，比如黄晓明就曾和朋友一起投资葡萄酒生意，体坛明星姚明还推出了自己的红酒品牌。然而，面对这一新型"聚宝盆"，并非所有人都赚得满盆满钵，亏损赔本的也大有人在。这固然与市场行情有关，但最关键的，恐怕还在"经验"二字。

作为爱酒又懂酒的行家里手，舒淇能把葡萄酒收藏作为一个投资项目做得风生云起，自然靠的是经验。她买葡萄酒，有两个重要特点：一是对年份要求高，只买最佳年份的顶级葡萄酒；二是对量十分关注，只买大瓶装的酒和整箱的酒，这从她收藏 Summer Hill 一下就购入 12 瓶也可窥见一二。对此，舒淇解释说，拍卖市场是收藏葡萄酒的出手地之一，常规单瓶酒不易售出，而保存在原酒庄木箱和木桶内的酒，在拍卖时往往能增加 10%～15% 的价格。想来，这也是她成功投资葡萄酒的重要原因之一了。

### 理财师点评

关于为什么只买大瓶装的酒和整箱的酒，舒淇已经给出解释，我们不再做过多说明，这里只想说说葡萄酒的年份问题。

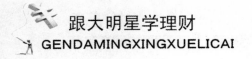

我们所说的年份，在国外又叫"收获年成号"，是指收获葡萄和酿制葡萄酒的那一年。对于葡萄酒来说，年份是一个很重要的概念，因为葡萄的生长受光照时间、温度、降水量、空气湿度、风等各种因素影响，会随着每年气候的变化而不同，进而影响到葡萄酒的质量。所以，来自同一产地的葡萄酒，质量会因年份不同而相异。一瓶好的年份出产的葡萄酿成的酒，品质会大不一样。也正是因为如此，在法国等欧洲国家，每年都要对各个葡萄产地，如波尔多、勃艮第、梅多克等的葡萄收成情况划分等级，进行公告。

对于年份的评分，我们可以在专业杂志或者网络上找到，但要注意的是，评分系统应该根据每个原产地一一给分，如果没有区分原产地，那么这个表格没有任何价值。

另外，年份虽然可以代表某一年的普遍趋势，但也不排除因不同因素影响和改变了酒的质量。所以，我们在投资葡萄酒时，不能因年份绝对化，也不能因产地而绝对化。

## 舒淇藏酒心得之二：国产品牌白酒也是上选

舒淇是典型的爱酒之人，红酒、白酒都收藏。许是对酒的热爱和了解，所以她在做酒的投资时，比别人更加先知先觉——不但紧抓葡萄酒收藏不放，还把手伸向了国产品牌白酒。舒淇收藏的第一批国产酒是茅台。对此，她曾算过这样一笔账：50年前，尚处于作坊生产的茅台酒每瓶售价仅1元，而今天，新酿成的5年普通低度茅台酒，市场售价每瓶在300元左右，而50年茅台酒的售价则为数千元，1980年的茅台酒更是天价——较原价翻了2~3万倍，最高4万倍，远远超过同期物价及社会平均收入上升水平，堪称"液体黄金"。舒淇把账算得如此清楚，想不赚都难。

### 理财师点评

相比楼市、股市动辄上百万元的投入资金，白酒收藏不但门槛较低，而且看得见、摸得着、留着美、喝着香，对于爱酒之人来说，的确是收藏和投资的不错选择。

不过，目前白酒消费投资市场尚处于一个起步阶段，风险评估和投资预测缺乏一个标准体系，而拍卖公司又多数只拍卖有一定年份的"藏酒"，这对于短线操作的投资者来说，很容易面临藏酒易卖酒难的问题。所以，对白酒收藏和投资感兴趣的人，应多留意白酒消费市场的动向，重点对具有相当资源稀缺性和产品不可复制价值，或拥有价格议价权的酒类产品进行收藏投资。此外，应将自己定位成一个白酒爱好者和白酒收藏者，以一个"淘酒族"的心态进入白酒投资理财市场，切不可盲目"囤酒"。

### 酒类收藏指南

目前，国内酒类投资收藏主要涉及的就是葡萄酒和白酒两种，但由于二者具有不同的特性，所以在购入时，也要区别对待。

首先，我们说一下葡萄酒。懂酒的人都知道，葡萄酒和白酒不同，它的珍贵不在于储存了多少时间，而在于它的品质、存世量和酒庄、厂家的知名度。所以，作为投资级葡萄酒，必须满足以下三个特点：

**一要具备稀缺性**

因为投资的增长是源于产量的限定，只有市场增长的需求跟产量限定

的稀缺性形成较大的落差时，葡萄酒才具有增值的潜力。如果某款葡萄酒的产量是无限制的，市场需求也不是很大，那么就不具备投资的属性。

### 二要具备卓越的质量

目前市场上，大多数的葡萄酒都是短期饮用型的，品质达不到投资的需求。一款投资型的葡萄酒，应该具有广泛认知的卓越质量，比如最佳年份、好的原产地，等等，并在长期储存后质量不会出现明显下降。

### 三要具备品牌知名度

投资葡萄酒是为了增值后的变现，如果一款葡萄酒满足了前两个条件，但品牌知名度不高，那么在变现的时候会相对比较困难。

需要注意的是，葡萄酒的储藏条件非常严格，对温度、湿度和安全性的要求都很高。一般保存温度应该是13℃左右，最好恒温；湿度在60% ~ 70%比较合适；一定要横放在避光、远离震动的地方，不能经常搬动。

相比于葡萄酒，国产白酒易挥发，但对外在的保存环境却没有那么高要求。因此，一般来说，要做好白酒投资收藏，注意以下几点即可：

### 一是品牌

对于白酒收藏，决定白酒总价值的要素首先就是品牌知名度。十七大名酒永远是首选，它们在历届全国评酒会中被官方认可，其品质、社会认可度以及品牌的深入人心都无可替代。

### 二是度数

只有50度以上的白酒才有收藏价值。因为50度以上的白酒一般是由纯粮酿造，适宜收藏，而低度酒乙醇含量低，如果密封不严容易变质，挥发变酸。而且从饮用上来说，一般高度酒的口感更加香醇。

### 三是时间

葡萄酒就像一个鲜活的生命，有年轻、成熟和衰老的过程，年轻时最有增值空间，成熟时价值最高，衰老后则身价递减。而白酒却是越陈越好，俗话说"百年陈酒十里香"，经过陈放多年的老酒，香味更浓郁，甜味更甘醇，所以一般来说，贮藏时间越久远的酒价值越高。

### 四是数量

物以稀为贵永远是收藏界的定律，所以供给的数量有限，现存的数量越少的藏酒越珍贵，价值越高。以茅台酒为例，如酱瓶、葵花茅台酒以及20世纪中叶所生产的酒，很容易受到投资市场大量资金的追捧。

### 五是包装

酒瓶、酒标、包装设计等也是陈年名酒收藏价值的一部分，比如1978年产的普通装茅台酒，其商标背面有很鲜明的时代特征，还有些名酒的酒标设计得像大海报，蕴含了不少文化品位，具有艺术价值，这些都是名酒收藏不可或缺的要素。所以，一瓶酒的内容再好，品相包装不好也会让其身价大跌。

# 张铁林，专门收藏名人手札

十几年前，张铁林因为在《还珠格格》和《铁齿铜牙纪晓岚》系列剧中成功出演"乾隆"，而被人戏称为"皇帝专业户"。殊不知，荧幕上把乾隆演绎得帝王范十足的张铁林，在现实生活中还真跟乾隆有得一拼——不但能书善画，还钟情于各种收藏。尤其是对名人手札的收藏，可以说到了痴迷的地步，曾创下一个人包圆整场拍卖会上手札藏品的记录。

也正是因为如此，对于近几年名人手札拍卖价格 10 倍、20 倍地暴涨，有圈内人士开玩笑说，跟张铁林有一定的关系，"他早期能影响整个上海，上海市场就能影响全国"。

之所以喜欢收藏名人手札，用张铁林自己的话说，是"发乎情"："我早先就想，古人到底是怎样写日记的，怎样给朋友写信的，于是我就有意识地去关注、收藏手札。"而一次偶然的机会，则让张铁林发现，书法在信纸上所体现出来的精神，似乎比大幅书法更加生动，更加自然："我觉得手札的书法所体现出来的精神更贴近书法的本原。过去的人不以手札为作品，手札里表现出来的都是书写者真实的性情，里面说的常常是鸡毛蒜皮的小事、不登大雅之堂的话题，而这些往往能体现一些名人在正史中见不到的性格侧面。"于是，本身就喜欢用小毛笔字写日记的张铁林，开始了真正的名人手札收藏之路。

对于自己的收藏经历，张铁林也是津津乐道："刚开始收手札的时候，市场还是个冷门，便宜到三五百元一通。我在上海的拍卖行，人家问我：'张先生，您下午的手札是整拍还是零拍？'我说我肯定是整拍，多少钱我都要，到了下午，人家就都不来了，不和我争了。"

此外，他还饶有兴致地谈到十几年前竞拍清代大书法家赵之谦的手札——《论学丛札》的经历。此手札主要是赵之谦在撰写《国朝汉学师承续记》时，与胡培系等讨论学术问题的信札，其内容涉及文字训诂、古籍整理、辑佚辨伪、考据注释等，书法精妙，学术价值相当高，曾为著名学者罗振玉所藏，又曾三进三出日本，为国内外藏家所瞩目。张铁林对这件藏品很是动心，所以，他抱着志在必得的决心，不顾因拍摄《铁齿铜牙纪晓岚》而剃成的大光头，亲自赶到上海的拍卖会现场，最后以 225 万的高价得手。

当时，很多人都觉得张铁林是不是"太二"了。谁知仅仅到了当年的秋季拍卖时，赵之谦的手札价格就已经翻了一番，现在更是暴涨为天价。虽然张铁林搞收藏不是为了赚钱，但他也很看好它的投资价值："手札其实就相当于现在的短信，名人的手札看起来很亲切，很有投资价值。"诚如斯言，张铁林目前有名人手札上千通，如果哪天他想把这些手札全部出手，那财富值绝对多到让你难以想象。

当然，收藏名人手札是门学问，对于如何辨别真假，张铁林表示："尺寸、笔迹、墨色、印章以及说话的情境、角度、方式都要对上号。"他笑说，"张铁林不可能写给郭沫若吧，这种明显的时空错乱肯定不能有。"

## 张铁林收藏心得之一：
## 收藏手札要了解在先，不可操之过急

就 2012 年秋季的交易数据显示，收藏市场已经进入调整期，交易额与

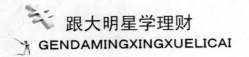

成交率双降、缺少振奋市场的成交价格、藏品流拍等现象在部分拍卖行频频出现。然而，名人书札却一直保持强劲增长势头，成为收藏新热点。但也正是因为如此，市面上的名人手札渐渐出现了鱼龙混杂之势，所以，收藏经验颇丰的张铁林告诫大家，收藏手札一定要有兴趣，了解在先，不能什么也不懂就去买。从不懂到懂是个循序渐进的过程，决不可操之过急。

张铁林感慨说："现在，拍场上有很多不懂知识的有钱人，他们像做买卖一样去竞拍，耽误真正喜爱又很懂行的人拿到藏品，非常讨厌。钱不要乱花，否则会丢人又丢钱。而可惜的是，现在误入歧途的收藏家太多了。"

## 理财师点评

手札又称书札、信札，主要指今天所说的信件和文稿，还包括日记、便条、跋语、题签、笔单、随笔、贺词、首日封等。而历史名人创作的书札，往往与重大历史事件紧密相连，既是书法，也是善本，历史价值和艺术价值兼具，而又具有不可复制的孤品特性，所受关注逐渐升温。

不过，由于近年来名家手札的收藏热不断升温，大批赝品迅速充斥市场。所以，正如张铁林所言，收藏手札一定要了解在先，不但要熟悉名家的书写手迹，还要尽量了解名家的生活轨迹，这样才能避免买到一些张冠李戴的赝品。而且，有些名人的手札落款不署全名，甚至是作者在某一个时期的斋号或字号，或者是没有落款的残件，对于此类作品，只有对名家的个人历史相当了解，才能确定真伪。所以，收藏名人手札一定要提前做好功课，决不能盲目。

## 张铁林收藏心得之二：喜欢政治家和文人墨客的作品

也许有人会问，是否手札书写者名气越大，越值得收藏呢？比如皇帝。对此，张铁林的看法是："皇上的御书没啥意思，我喜欢活跃在社会舞台上的政治家和文人墨客，他们才是能写出好字好文章的人。"所以，几年下来，张铁林收藏的名人手札已有上千通，在这些珍品中，远的有明代江南四大才子祝枝山的，近的有晚清名人李鸿章、袁世凯的，但"皇上"的东西却少之又少。

### 理财师点评

有道是"发于心而止于书"，手札多"随心所欲"，不带有任何表演性，所以才更能反映书写者的真心境、真性情，最能体现其个性，而真实体现个性的作品则最具艺术价值。所以，名人手札的收藏价值，通常按照"真、精、稀"的原则，用历史文物性、学术资料性、艺术代表性来度量。而皇帝的御书能反映其真心境、真性情吗？具有学术资料性、艺术代表性吗？这就未必了。由此我们也不得不承认，张铁林在名人手札方面不愧是收藏大家！

### 理财心贴士

### 收藏名人手札须知

在电子信息时代，名人信札已成稀有资源，会越来越珍贵，升值空间也难以估计。但业内人士许宏全指出，由于名人手札有其特殊性，所以在收藏过程中必须注意以下几个问题：

### 第一，要选好侧重点

虽说所有名人手迹都值得收藏，但以一己之力很难网罗天下所有手札，所以在购入名人手札前，一定要根据个人爱好选好侧重点——是侧重艺术类还是政治界名人？是侧重古代名人还是现当代名人？是侧重画家还是书法家？只有给自己找准类别，才能有针对性的对其了解和研究，进而根据财力厚薄进场举牌。

### 第二，要广泛了解背景资料

若想知道一通手札的价值和真伪，对写信者、收信者的个人信息，他们之间的关系，必须要有深入的了解。对此，收藏者可以就某一领域建立资料库，这样一方面可以扩大知识面，另一方面，也可为自己进一步的收藏和辨伪打下基础。

### 第三，要注意书札的完整性

一般来说，由收信者本人集起来的，或是由以前收藏家汇集起来的成规模、有系统的成本书信，价值更高。此外，多页的书札，最好不要缺页；存有信封者，价值更高。

### 第四，要注意书札内容

一般来说，与重大历史事件、重要历史人物有关联的书札，或名人之间探讨学术问题的书札，更有资料价值和收藏价值。比如，清末官员绍彝写给其弟的 7 封信札，就透露了末代皇帝溥仪主动派人找孙中山笼络情感的经过，这让一直误以为孙中山"主动拜会清廷"的我们终于弄清了真相。

### 第五，要注意辨别真伪

名人手札在民国时期就受到收藏者的广泛喜爱，因此制假者也层出不穷，当今收藏者应引起高度重视。一般来说，手札常见的几种造假方式分别是：1. 移花接木式，比如把余绍宋写给叶恭绰的信，改成傅抱石写给叶恭绰的信；2. 改头换面式，即把原本没有抬头及落款的信，硬加上抬头和落款，以抬高身价；3. 完全造假式，即伪造一封原本不存在的信，这种造假，一般了解背景资料、知识面广的收藏家很容易发现。

## 第六，小卖场也要关注

拍卖是交流名人书札、手稿的重要方式，大的拍卖会，即使假货，价格也会定得很高；小的拍卖会，往往真假难辨，但只要你细心寻找、认真研究，往往能发现好东西。而且，小卖场的起拍价有时候会很低，成交价会出乎你的意料。

# 王刚,收藏古玩做超长线投资

王刚不但是演戏的好手,在京城收藏界也算的上是资深人士。据说他除了在电视台主持节目、进组拍戏之外,只专注于两件事:在古玩市场里淘换玩意儿;在家里端详自己的藏品,并且到了痴迷的程度——有时睡到深更半夜,会突然坐起来,披衣下床,扭亮台灯,端详自己白天刚刚收到的一件瓷瓶。所以,当有记者问起演戏、主持和收藏哪个重要时,王刚毫不犹豫地回答说:"当然是收藏最重要!"

由于对古典文学的喜爱和受父亲的影响,王刚搞收藏,除了字画、明清家具、玉器、竹木牙雕等杂项,最痴迷的就是瓷器。明代的成化斗彩葡萄纹杯、康熙的青花瓷器、雍正的胭脂水单色釉小碗、嘉靖万历的五彩瓷器……件件都都让他爱不释手。对此,王刚直言:"瓷器是中国古代奢侈品的第一代表,是我收藏的首选……尤其喜爱康熙年间的青花,那些瓶瓶罐罐上的颜色特别抢眼,而每一组优美的纹饰下又让我觉得仿佛藏着巨大的秘密。"

回忆起自己的收藏经历,王刚说,开始时心里没底,老是担心买赝品。所以每次去潘家园的旧货市场和古玩城,都是与收藏家马未都结伴。马未都怎样和商贩打交道,怎样辨别,王刚暗记于心,遇到好宝贝,马未都说行,他就掏钱。

这样过了两年,王刚认为自己积累了些经验,也不愿总当一个看客,于是便真正开始了自己的"淘宝之旅"："第一次藏品，是在潘家园淘得一个康熙晚期青花盘子'渔家乐'。上面画着两个渔夫在河边打鱼的场面，河边的芦苇荡皴染得极好，渔夫张网跃跃欲试的样子非常生动。这并不是我所有藏品中价格最高的，但却是我要永远珍藏的。我感觉它就是我的初恋，看着它，就好像看见少不更事时的女友给你写来的情书，特别美好。"

因为对瓷器的痴迷，王刚还常常表现出"不讲情面"，即使是好朋友在收藏上坏了规矩，他也会教训。王刚讲过这样一件趣事，说有次他和张铁林在上海逛古玩店，"我看中一对同治粉彩盖碗，刚要和老板砍价，铁林问我看中什么，淘宝哪能让老板知道自己喜欢什么，我赶紧掩饰说'没看中什么'。话音刚落，铁林从我手上把盖碗拿过去端详了一阵，问老板多少钱。老板娘说：'3000。'张铁林像买衣服砍价似的还'1500'。老板娘说：'看皇上的面子，就给您了。'在回去的路上，我一个劲批评张铁林不懂行规，'东西还在别人手里，还没放下，也没有说不要，你怎么就抢去买单了呢！'最后商量的结果是，我给张铁林750元，盖碗一人一个。"说起往事，王刚似乎还有些"不服气"。

由于收藏功力深厚，王刚曾颇为自得地称自己为收藏界最好的主持人，主持人里最好的收藏家。不过，即便是功力深厚，王刚也有看走眼的时候。据说有次逛古玩店，他被一个永乐青花压手杯吸引住了，这个杯子全世界就只有3个，市场价值5000万以上，店主因为家里有事急于脱手，开价5000元，王刚死磨硬泡花了800块钱买回了家。本以为捡了大便宜，结果回到家仔细一看，发现是假货。幸好后来店主答应退了货，才没有受到损失。

多年的收藏经历，让王刚家中摆满了古董。但王刚做收藏究竟获利几何，却恐怕只有他本人才能说得清。谈到如今火爆的艺术品投资市场，王刚有自己独到的观点，他认为，和金融、房产等领域的投资渠道相比，艺术品的投机性其实很小，真正获取暴利的机会并不多，而且充满了风险，需要收藏家有眼力，还要有信息灵通的耳力。"古往今来，真正赚了大钱

的，往往都是一些大藏家。原因很简单，其实人家做的都是超长线投资。"

## 王刚收藏心得之一：收藏要有"道"，少贪念才能不受骗

在做收藏的时候，上当受骗买到假货的人不少。王刚认为，这主要是贪念在作怪，"在这个领域里，一定要把'贪'字去掉。我为什么当时'打眼'、'吃药'、上当，最主要的原因就是'贪'字当头。"王刚说，"'打眼'就是因为太贪图便宜，想5万能赚到500万，这是不可能的。"

王刚建议，在去除贪念后，还要做到收藏有道。何为道？第一，是道德。不能靠坑骗和非法手段，国家不让动的东西不能动，否则后患无穷。第二，是道理。你得明白规律，为什么说它是乾隆年间的？为什么是"真乾隆"不是"假乾隆"？其中都有道理规律。搞收藏不仅要眼明，耳也得聪，甚至新出来的造假手段都要了解。要做到这一点，你就得提高眼力，平时多去博物馆和国内外的大型拍卖会上去开眼界，看真品，看好东西。第三，是道路、途径。东西怎么来的？是否正道？最好这东西传承有序，说白了就是有户口，分别在各个时期出现过几次。这样心里才踏实，不怕"打枪"。

### 理财师点评

为什么那么多人对古玩收藏跃跃欲试，最后却落得个血本无归？说到底，不过是一个"贪"字在作怪。在收藏界，的确盛传着不少依靠投机或投资买卖而一本万利、获益颇丰的佳话美谈。但是，很多人只看到了赚钱这个表面现象，而没有去深究为什么他们能成功赚钱。

事实上，收藏古玩对专业知识要求很高。这些专业知识的积累是一个循序渐进、逐步提升的过程。它没有捷径可走。真正有心从事收藏活动的人士，只有潜心研究鉴赏知识，了解市场动态、行情，才能懂得对繁杂的

古旧物品有所甄别取弃，才能侥幸少花冤枉的学费。所以，搞收藏切忌短视盲目，唯利是图，应该以丰富业余文化生活、增添生活情趣为主要目的，个人投资理财仅为其次。这样，心态平和、心理健康地从事收藏活动，或许在经济回报上会给你意外的惊喜。

# 王刚收藏心得之二：不要迷信鉴定证书

近年来，一些所谓专家到各个地方对民间收藏品进行鉴定，鉴定后按宝物的市场参考价收取不菲的鉴定费，然后发一个所谓鉴定证书就了事，宝物是真是假很是值得商榷。然而，很多做收藏的人并不知道这其中的关窍，而是一切以鉴定证书为准，这也就很自然地增加了买到假货、赝品的几率。

对此，王刚最有发言权，他说："前几年我作为北京电视台'天下收藏'的主持人，曾与专家分别在北京、沈阳、兰州对民间的瓷器、书画作品进行免费鉴定，结果发现赝品率奇高，比率还非常一致——三个城市民间收藏的瓷器的赝品率均是百分之九十五点几，也就是说只有5%是真品。这应该很有代表性了！有些藏品的主人也有鉴定证书，因此我告诉大家，不要迷信这些证书。"

## 理财师点评

目前，市面上比较正规的古玩鉴定证书主要有两种：一种是科技鉴定，即用碳十四做科技检测，一般地市级城市都有这样的检测机构，他们出具的，是古董年代检测证书。第二种是专家鉴定，也分两种——某些地市级城市都有自己的古玩协会，这些古玩协会有给古董做鉴定的资质，同时可以出具自己的鉴定证书，这叫协会鉴定；还有某些有实力的拍卖公司，也可以出具可信度较高的鉴定证书，这叫拍卖公司鉴定。

有了上述了解，你就会发现，科技鉴定只能鉴定出年代，而专家鉴定，可信度也并非百分之百，所以王刚才说，宝物鉴定是个很复杂的事。那些随便就被所谓的专家开具出的鉴定证书，可信度的确不高。

# 王刚收藏心得之三：捡漏心态不能有

古玩收藏，通常是个拼财力的投资，没有一定的财力支持，是很难把心爱之物拿到手的。也许有人会说，我没有强大的财力，等着捡漏总可以吧。所以，有很多人都喜欢去潘家园市场逛逛，买几件东西回来，幻想着捡漏发财。但是收藏经验颇丰的王刚告诉大家，不能有捡漏心态。他说："大家看到的漏都是雷，是陷阱。个别的漏需要有眼力，比如纽约去年3月那只瓶子，如果当民国的买到，那就是漏，天漏啊。但是堵漏的人太多，光我那朋友就告诉我起码有20个人，而且大家心照不宣。"

## 理财师点评

捡漏，是古玩界的一句行话，意思是用很便宜的价钱买到很值钱的古玩，而且卖家往往是不知情的。捡漏主要体现在"捡"上，因为古玩界普遍认为捡漏是可遇而不可求的行为，因此用一个"捡"字来寓意它的难得，是极诙谐的表达。

由此我们也可以看出，"漏"没那么好捡。尤其是在全民藏宝收宝致富意识日益普及的当今社会，某天当一位农民装扮的人向你诉说手中能值好多钱的某朝代物件，而他宁愿把能赚大钱的机会便宜地转让给你时；亦或是一位慈眉善目的长者倾说自己多年收藏的喜悦，苦于儿女不喜好、不愿继承，如今愿意优惠转让多年珍藏给你这位知音时，你会相信有这样的幸事眷顾吗？说到底，容易捡到的"漏"，不过是对方布下的一个陷阱罢了。所以，捡漏心态不能有。与其想着怎么捡漏，不如多学多看，练好眼力。只有这样，才有可能在不经意间真的捡到一个大"漏"。

## 王刚收藏心得之四："争抢"来的一般都是好东西

在当今的古玩市场，能不能收到好东西，交易途径非常重要。王刚认为，在专业的收藏界，个人交易其实很少，绝大多数都是通过拍卖公司进行交易。但是，去过拍卖会的人都知道，在那里交易的东西，往往会出现两种情况：要么大家一起争抢，要么无人问津。面对这样一个特殊的交易途径，如何才能得到好东西呢？

王刚有自己的心得，他说："我的经验就是在一个好的拍卖市场里，大家一块儿抢的东西，一般都是好东西。也许当初是咬牙出手的，甚至还有点后悔，觉得是不是买的太早了，但其实这中间的增值空间很大，而且增值频率很快，也许一年以后就会感叹，多亏当时出手了。不要觉得没有人跟你抢，你可以以很低的价格入手就是好事，往往这样的藏品都无法保值。"

### 理财师点评

现在，古玩的交易形式主要包括地摊交易、店铺交易、拍卖交易和网上交易四种形式。但无论对于专业收藏人士还是非专业收藏人士，拍卖公司都是一个相对可靠的交易途径。因为一个好的拍卖公司在接受拍卖委托时，都会对拍卖品进行专业的鉴定，这也就意味着，拍卖会上的东西，出现赝品的几率会很小。然而，对于以投资为目的的收藏者来说，真东西未必就能保值，而人人争抢的好东西，则往往有着较大的增值空间。所以，没有深厚的收藏功力的投资者，不妨吸取一下王刚的经验，拍几件大家"争抢"的东西来收藏。

理财
小贴士

## 古玩收藏应注意的三种基本风险

据欧洲美术基金会的统计，2010年我国艺术原创作品和古董艺术品的交易总额为989亿元，占全球市场份额的23%，首次超越英国上升至全球第二位，实现了历史性的突破；法国一家机构发布的2010年全球艺术品市场趋势报告显示，2010年按照全球各国艺术品拍卖收益的统计数据，中国排名全球第一。收藏市场的发展大趋势很好，这是事实，但对于普通收藏爱好者或正准备"试水"收藏市场的老百姓来说，收藏市场的水其实很深，它和其他任何投资活动一样存在着风险。而在各种风险中，最基本的就有政策法规的风险、操作失误的风险和套利失败的风险三种。

先说政策法规的风险。文物古玩商品是特殊商品，我国现行《中华人民共和国文物保护法》虽然是2007年经全国人大审议通过并颁布实施的，但它毕竟是国家现行的法典。它对馆藏文物、民俗文物、革命文物都有具体的界定，尤其是对文物的收藏和流通所作出的相关具体规定，应引起市场参与者的重视。例如《中华人民共和国文物保护法》明令禁止买卖出土文物，地下出土文物归国家所有。但这一条被许多人视而不见。尽管有的出土文物经济价值不大，买卖价钱相当低廉，但这事情的严肃性不属于经济范畴。

再说操作失误的风险。就一般的古玩收藏爱好者而言，操作失误是指以真品的价格买了仿造品，或是以高出市场的价格买了真品。二者的区别在于，后者有可能随着市场需求的变化，获得某些补偿、回报，而前者却只能使你亏损，回本无望。古玩收藏作为理财手段，即使由专业人士操作，在操作正确无误的情况下，尚且难免受到社会经济环境和供需要求等客观因素的影响，导致回报预期无法兑现，更何况不具有专业鉴赏知识，对市场操作认识肤浅的爱好者？其参与买卖古玩操作失误的风险就尤其明显了。

最后说说套利失败的风险。客观地讲，古玩市场毕竟是一个不健全、有待完善的交易市场。买者与卖者之间能否做到公平、公正地交易，较大程度上都要看参与者对市场的参与和认知程度。所以，对于一般的古玩爱好者而言，古玩套利也存在着很大的风险。

# 蔡康永，艺术品收藏投资学问多

作为风靡两岸三地的台湾当红艺人，蔡康永的大名想来大家都不陌生。不过，如果你只把他当成一个巧舌如簧、深谙说话之道的主持人，那真是 OUT 了。因为这个浸淫在时尚娱乐圈的能人，除了做主持，私下里还热衷于写书、做设计、搞艺术品收藏……但是，他又和某些明星的哗众取宠不同，蔡康永很沉稳，具有作家的素养，在他的书中，你总是能看到他对事件的独到评论与思考，让人佩服；他见多识广，做艺术品收藏，完全是因为喜欢和欣赏。所以，著名主持人袁鸣对蔡康永的评价极高："既是艺术品收藏家，又是作家的，只有两人——一个是马未都，一个是蔡康永。"

从某种程度上说，蔡康永算不上收藏圈内的行家，因为他买画往往是兴之所至，更像玩票的。比如蔡康永曾为了圈内众多好友的结婚派对，购置了一批日本大牌艺术家村上隆的限量版画"New Day"系列，原因就是这些 5000 元左右人民币一幅的版画看上去很喜庆，寓意也很讨巧。后来他欣喜地发现，这些结婚礼物居然有了增值的空间，原本只售 5000 元一幅的村上隆版画，在短短的时间内居然上升到上万人民币。因此，这些画被蔡康永得意地称为"罕见的会不断增值的结婚礼物"。

蔡康永说，自己第一次花钱买艺术品，是在十几年前。之前，他为了看张晓刚的画，循广告找到台北的汉雅轩画廊，不巧张晓刚的画都已经被买光，画廊改展四川画家赵能智的画。蔡康永看中了其中一幅，没想到那一幅又已被一名医生订下了。"我心想，既然无缘，就算了。"没想到第二年，那幅作品又出现在苏富比的拍卖会上，得到消息后，蔡康永立即跑去以4万元左右的人民币买下了。

"到现在，赵能智的画价已增值超过了10倍，但他绝不是增值最快的艺术家，其他的画家，增值百倍的都有。其实人花钱买东西，如果有增值，就应该要偷笑了，何况当时我买画只凭喜恶，既不做功课，也不当是投资。"蔡康永如是说。

正是因为这种兴之所至，蔡康永买画虽然常常有神来之笔，却也难免因为不做功课而错失一些好作品。比如，有一次他在拍卖会上看中一幅庞熏琹画的肖像画，觉得很漂亮，价格也不是太贵，就想买下。但在拍卖前，一位朋友经过他身边说："喔，听说那张是假的。"然后聊了两句就走了。结果那天的拍卖会只有三个人在竞争那幅画，得标者用偏低的价格就买到了。等到拍卖结束，蔡康永去问了拍卖公司的专家才知道，这幅画根本不是假的，而是有人在"放毒"。

此后，蔡康永虽然仍像是玩票，但也开始慢慢做起了功课，并在多年的收藏经历中，总结出了一些经验。比如，对于拍卖会上的"放毒"，蔡康永得出的总结就是："当你没办法判断讯息的真假，身为投资人或收藏家的你，就要冷静地判断。这个画家，这种尺寸，这种质量的作品，到底应该值多少钱？"

再比如，由于艺术品收藏门槛过多，一些小型拍卖公司往往会趁机制造一些"促销烟雾"。蔡康永将其做了总结，认为拍卖公司最常用的方法主要有三种：一种叫"空喊"，也就是现场明明没有人竞价，拍卖师却在不断往上喊价，这种情况往往出现在一些拍卖前景不是很好的作品上；一种叫"作价"，是指少数拍卖公司把自家囤积的画放在自家的目录上参加拍卖，并且通过一些手段促使拍的价格很高，让自家的存画更值钱；还有一种叫"假成交"，比如，某场拍卖状况太糟糕，记者又等着看拍卖成绩，

如果让媒体报道说成交率只有20%，可能会在艺术品市场引发恶性循环，所以拍卖会会让职员在底下举牌，让某些根本没人买的拍品，看起来依然有人出价，并被成功卖出……

至今，蔡康永收藏的各类画作已经超过了100幅，升值空间巨大。但是，蔡康永并不鼓吹"买画可以赚钱"这个说法，因为在他看来，艺术品收藏和投资虽然不是有钱人的专利，但却是个危险的投资。而其中最大的危险，就是艺术品实际价值的难以判断："你根本不知道一件上亿元的艺术品的价格是如何来的——究竟是其市场真实价格的反映，还是有人在背后做了手脚。一场拍卖会里竞争出来的价格，确实经常有很多你想都想不到的因素在里面，有时候并不能真实反映这个艺术家在市场上的合理价位，很难判断。"

## 蔡康永买画心得之一：第一次买画的人不要鲁莽举牌

对于搞艺术品收藏的人来说，拍卖会场是获得藏品不可避免的一个场所。但由于拍卖会场的各种手段，再加上场内经常存在着躁动的气氛与情绪，所以初入会场的人都有一种体会，就是很容易头昏目眩，被牵着走。

对此，蔡康永建议说："第一次买画的人，可以先去展览会吸收知识，好好地问问题。刚开始进拍卖场，主要去感受气氛就好，不要鲁莽地举牌。我有些朋友因为觉得现场很有趣，也来举举看，不小心就买到了。虽然有人运气好，买到的画后来涨了两三倍，但也有人立刻成为冤大头。这种气氛多体验几次就习惯了，所以拍卖会很值得参加，多参加就多吸收经验。在拍卖现场体验到气氛之后，感觉到你想买谁的东西，再回家冷静做功课。"

### 理财师点评

对于拍卖场惯用的招数，蔡康永做过介绍，但不亲身体验几次，是很难真正发现这其中的猫腻的。所以，第一次进拍卖场就匆忙地举牌，实在不是明智的做法。况且投资艺术品，尤其是当代艺术作品，需要做的功课很多，比如如何辨别真假，如何判断其价值，如何预计其涨幅，如何预测其未来的价值发展趋势，等等。只有把功课做足，才能少被拍卖会的伎俩所迷惑。

## 蔡康永买画心得之二：找个好的画廊主人也很重要

除了拍卖会，画廊是艺术品收藏和投资的又一大渠道。对于这个渠道，蔡康永认为，找个好的画廊主人很重要："要找到好的画廊主人，就像买房子要找好的中介是一样的。台北的仁爱路是最好的，大安区是最好的，这毋庸置疑，但如果你找到一个好中介，你可能会用比较便宜的价格买到好房子。因为他会帮你过滤，分析你看中的房子值不值得买、价格合不合理。买画也是一样，你做完功课之后知道张晓刚的画很值得买，但他的作品不可能全都是同样的价值，这时就需要好画廊给你指引。尤其要用比较大的资金去投资艺术品时，找个可信任的画廊主人是特别重要的。"

### 理财师点评

一般来说，画廊分两种，一种就像是经纪公司，会栽培新人艺术家，跟艺术家签约之后定期举办展览，培养足够支撑艺术家收入的顾客群。对于这种画廊，投资者可以在一些艺术家市场初期就参与投资，坐享日后的价值"升华"，属于低投入，高收益，但风险也大。另一种就像流通中心，不签新人，只卖已出名画家的画作。对于投资者而言，增值空间和风险都相对较小。

但无论是哪种类型的画廊，投资者能否从中获得较好的收益，都与画廊主人息息相关。因为每个画廊主人的爱好和专注点是不同的，比如有些

画廊主人对艺术极度狂热，却对市场并不关注；而有些画廊主人则更看重作品的市场价值。因此，对于投资者来说，找一个与自己志趣相投的画廊主人很重要。

## 蔡康永买画心得之三：风险承受度低的人可以买名人版画

一般来说，同样的艺术品、同样的尺寸，最贵的是帆布上的油画，其次是纸上的水彩，再次是纸上素描，最便宜的是印刷的版画。那么问题也就来了：如果我有 5 万块钱，到底该买哪一种呢？

蔡康永给我们的建议是：如果你能承担较高风险，可以用 5 万元买一张新近画家的油画；但如果你的风险承受度较低，那么不妨买三张每张 1 万元的名气较高艺术家的版画。切记，是有名气的艺术家。

为什么呢？原因有二：首先，名人的版画有升值空间，以奈良美智的版画为例，在很便宜的时候，一张只要三四百块美金，但到了现在，已涨到三四千块美金。其次，有名的艺术家的版画，往往都是限量品，有编号，不会出现声称只有 300 版，却做出 500 版的情况。比如奈良美智那个失眠娃娃，每盒都附了一个木牌，奈良美智本人亲自写了编号。而正是这种"限量"，才能保证作品只涨不跌。

### 理财师点评

所谓版画，是指作者在各种不同材料的版面上通过手工制版印刷而成的一种绘画，它可以有限制地复印出多份不影响其艺术价值的原作。因为一下可以复制出多份，所以即使是名人的作品，其价格也要比同样内容和尺寸的油画要便宜很多；但因为是有限制的复制，在某种程度上又具备一定的稀缺性，所以如果是名人作品，也会具有一定的升值空间。综合这两个特点我们不难看出，蔡康永建议风险承受度低的人买名人版画，绝不是信口开河，而且这个建议非常适合钱不够多的普通人来操作。

## 蔡康永买画心得之四：名人的素描未必都有升值空间

也许有人会问，除了油画和水彩画，每一张素描也都具有唯一性，是不是我投资名人的素描比版画升值空间更大呢？收藏经验颇丰的蔡康永以中国知名画家常玉为例，给出了否定的答案。他说，如果是常玉的油画，大家肯定抢着要，可是他的素描如果出现在市场上，大概就是5万上下，涨得不多——不是名气不够响亮，而是常玉的素描数量太多。"我认识的在巴黎学美术的学生说，早期在跳蚤市场，常玉的素描真的是一箱一箱，让客人随便挑。"

正是因为如此，十几年前，常玉的一张油画几百万，现在近亿了，而当时一张10万块的素描，过了十几年却并没有涨多少。最后，蔡康永总结说："如果着眼在投资，5万元你该买个新艺术家的油画，还是常玉的素描，我会觉得买个有潜力的新艺术家的油画增值空间比较大。"

### 理财师点评

素描是西洋绘画的基础，是艺术创作实践中的必经之路，因为良好的素描训练可以逐渐提高作画者的观察能力、想象能力及表现能力。而且，素描可以是一种独立的艺术表现形式，也可以是大师笔下表达创作思路的一张张创作草图。所以，对于任何一个知名的西洋画艺术家来说，素描的数量都不会太少，但质量却未必都高。

但这并不能将素描作品全盘否定，因为在众多中外大师的素描作品中，也不乏一些不可再生的传世佳作。因此，投资素描一定要有眼光，会挑选，不但要看艺术家本人的名气和他的素描数量，还要注意其艺术性和题材，如果你发现某一素描跟他的某张油画很像，那很可能是这张油画的

创作草图，数量应该也不会只有一张。这样的素描恐怕就没有什么升值空间。

## 辨别艺术品真伪的三个规律

对于收藏者来说，辨别艺术品的真伪，是收藏过程中第一个要面对的风险，也是收藏过程中最耗费精力、最具有挑战性的过程。艺术品的真伪如何判断，除了考验收藏者的素养和对艺术的鉴赏能力以外，还有若干客观规律可以遵循：

### 首先，当代艺术家的作品真品多

纵观中国书画艺术发展史，简直就是一个不断辨别艺术品真伪的历史。越是留名艺术史的古代艺术家的作品，越是仿造的热门，因为他们的作品大多具备经典的艺术价值，经得起时间的考验，具有很高的市场价格。相反，当代艺术家的作品则仿造率较低，这不仅是因为创作时代相近，艺术家每阶段还会有更多的作品和更新的创造力出现，而且因为当代艺术作品多使用综合性材料，使得仿造的技术要求也更高。

### 其次，通过画廊选购作品更有保障

作为艺术品一级市场的画廊，多数作品都是直接从艺术家本人处得到的，因此作品的真伪较有保障。而作为二级市场的拍卖公司，他们并不负责确保拍卖的艺术品的真伪，所以在购买过程中，考验的是藏家自己的眼力。而藏家要想练出内行的鉴赏力，除了自己不断地积累经验外，必要时还可以咨询专业的收藏顾问。专业的收藏顾问不仅可以对作品真伪提供专业的判断，还能就艺术品市场的变化，对艺术品的收藏提出合理的建议。

### 再次，版画真伪要着重看纸张、印痕和作者签名

在众多的艺术品类别中，版画由于是复印品，所以具有一定的特殊

性，但辨别真假并不难，可从作者签名、纸张、印痕三方面入手。虽然过去对版画印量的控制不如现在严格，但一般来说，版画家都会在每幅原作上用铅笔签上自己的名字，因此以作者签名进行真假辨别是最为重要的一环。与签名同样重要的就是观察纸张，因为每个时期的印刷纸张都有各自的特点，这就需要积累知识与经验了。上述两招，是造假者以高精度扫描、重新刻版来造假也无法解决的。此外，以手感来分辨印痕，则是区分真正版画或复印品的最简便方法。

# 林依轮，油画收藏重在好看好用

1993 年，阳光帅气的林依轮在广州凭一曲欢快上口的《爱情鸟》红遍中国大江南北。时隔多年之后，林依轮拼劲十足的马达精神依然，身份却从歌手到主持人、演员、厨师，一变再变，以致如今再说起林依轮，人们对他的印象，更多的是《天天饮食》的主持人或话剧舞台上一人独饰 16 角的实力派演员。

事业上的顺利发展，让林依轮积累了雄厚的资产。但是有了钱的林依轮并没有像其他明星那样投资房产或买股票、开店，而是一心一意做起了油画收藏。从上世纪 90 年代就开始涉足油画收藏的他，如今在收藏界也算小有名气了。

说起油画收藏，林依轮坦言："我收藏第一件作品应该是 2002 年。但其实 1996 年从广州回北京后，第一次看到张晓刚、方力钧的画就特别喜欢，当时对这两个人的印象特别深刻。2000 年开始喜欢岳敏君的作品，后来又知道了刘野。我收藏的第一张油画是潘德海的《胖子》，画的是我们的全家福。因为当时我去云南演出，叶永青是一个热心肠的人，他带我去他的那家叫'火车南站'的餐厅。进去看到潘德海给叶永青的老婆画的那张《胖子》挺喜欢，就跟他订了这张画。"

林依轮收藏了潘德海的画以后，渐渐对油画痴迷起来，并且不管是成名艺术家还是年轻艺术家，只要对他们和他们的作品有了充分的了解，就会果断出手。比如2007年，他在香港苏富比秋拍会上以200万元拍得了周春芽1999年的《绿狗》，在2012年的中艺博上，购买了年轻艺术家谢帆的《树·蓝》。而对于刘野的《剑》没能入手这件事，他至今还深表遗憾。

虽然林依轮收藏油画也有投资的目的在里面，但他却告诫大家，油画收藏，一定要以喜欢为前提。如果不是真心喜欢，就不要选择投资艺术品。他说："艺术品投资分两类：一个是摆在家里，不管谁说什么，不管将来这个人的前途怎么样，喜欢了就买；还有一种是这个人有潜力，我买来投资，希望以后他能像岳敏君、刘野那样翻很多倍。"

不过，无论是出于哪一种投资目的，林依轮认为都应首先要明确一点，就是财力。"每个人的收藏预算需根据收入决定，最好不要超过自己全年收入的20%～30%。"所以，他不建议为了投资而囤积作品。

## 林依轮藏画心得之一：油画收藏重在好看好用

与喜欢另类、诡异风格艺术品的蔡康永相反，林依轮一向提倡油画收藏要以好看好用为原则，说白了也就是要看着舒服，可以作为装饰品挂出来。因此，林依轮的家就像一个收藏馆，包括他买的《胖子》还有他收集的古董家具等，都成了装饰家庭的重要饰品。

正是因为这种收藏理念，让林依轮把"好看好用"放在了第一位，他甚至建议刚收藏的人，先买一些大师的制图精美的版画，把"它摆在家里好看，又是大师的作品，而且有保值和升值的空间"。

### 理财师点评

蔡康永和林依轮都有让大家买大师版画的建议，但出发点却并不一样。蔡康永的建议，是因为版画价格相对便宜，而林依轮的建议则是因为版画制图精美，摆在家里好看。从这我们不难看出林依轮对于"好看好

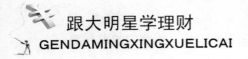

用"的重视。

的确，对于普通人来说，收藏油画，必然是有喜欢这个因素在里面。既然喜欢，那么挂在那自己看着高兴才是第一，能不能增值都是其次的。换个角度讲，你花钱买一幅好看的油画回来，如果没能升值，挂在那里装饰屋子，总还算物尽其用，不亏。但如果风格诡异，没能增值，挂出来还吓人，那才叫真的得不偿失。

## 林依轮藏画心得之二：故事性明确的作品值得收藏

对于当代艺术家的作品，很多人由于投机心理，做收藏时往往只看艺术家的名气，对作品本身却没有太多的要求。但林依轮却认为故事性明确的作品更有价值。他说，买画时，除了"艺术家的标志性创作，比如岳敏君的《大笑》、方力钧的《光头》、曾梵志的《乱草》，同时也需要故事性更明确的作品"，理由是："艺术家之所以不是一个简单的画匠，是因为他们将自己的想法注入作品中，向观者阐述出一个个故事。有些作品很直白，有些作品有更深层次的含义，这时就需要多跟艺术家交流，了解作品的深意。"

### 理财师点评

什么叫绘画作品的故事性？其实说白了，就是作家想要用画传递的某种思想。这种思想能引起观赏者心灵上的共鸣，并对其故事背景产生丰富的联想，绘画作品最打动人的地方也正在于此。所以，纵观古今中外，凡是优秀的绘画作品，故事性往往都很强。反之，如果一幅作品毫无故事性可言，那也算不上一幅好画。因此，对于做油画收藏的人，如果你不是很懂画，那么不妨就选择最打动你的那一幅。

## 林依轮藏画心得之三：年轻艺术家的作品也可以收藏

　　知名艺术家的作品有一定的升值空间，但价格也高，这对于没什么经验或财力不够雄厚的投资者来说，无疑是一大门槛。对此，林依轮给出的建议是，可以收藏年轻艺术家的作品。"我之前购买了很多年轻艺术家的作品，价格都翻了几倍。比如梁元伟、仇晓飞。"购买年轻艺术家的作品，是最考验藏友眼光的。林依轮建议藏友多参观博物馆，从欣赏大师的作品开始逐步提升自己的眼力与品位。

　　此外，林依轮还补充说："很多画廊或者美术馆都在借势做很多展览，不管是名家展还是新人展，大家都应该去看，如果周末有时间，如果你喜欢艺术品收藏的话，你一定不要错过。很多画廊都值得看，比如阿拉里奥、旁人、U空间、空白空间、798、酒厂区、草场地，里面有很多都值得看。"

### 理财师点评

　　从现在市场拍卖的行情来看，海外对中国当代艺术的审美观已经慢慢改变。2012年，在纽约就有很多中国艺术家高价位作品流拍、低价位作品却成交的情况发生。中国香港的秋拍会也是，当代高价位的作品价格滑落，但是新生代的、年轻艺术家的作品关注度却越来越高。从另一个角度讲，年轻艺术家目前名气不大，作品价位低，这对于收藏者来说，没买好不会损失太多，买好了却可以大赚一笔。所以，的确是初学者最好的选择。

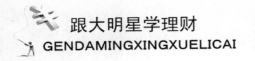

## 林依轮藏画心得之四：画廊仍然是买画的重要渠道之一

虽然林依轮自己通过博览会和拍卖行买到了很多心仪的藏品，不过，对于普通藏友，林依轮建议还是多去画廊逛逛。"北京有很多画廊的经营理念已非常成熟，画廊老板已经帮你筛选过一次藏品了，藏家在挑选时自然已经站在一个高点上。""而且经常去画廊还有另外一个好处，就是可以有更多和艺术家接触的机会。因为大部分被看好的艺术家都会签约画廊，遇到展览的时候他们都会出席。"林依轮总结说。

### 理财师点评

无论是油画收藏，还是国画、版画收藏，只要是当代艺术品，画廊都是一个不可忽视的重要渠道。而且与拍卖会相比，画廊最大的优点，就是在你之前已经做了一次筛选，虽然画廊主人的水平和喜好不同，筛选出的结果也不一样，但至少不用收藏者再去大海捞针，所以投资成功的几率相对也要多一些。因此，很多藏家对初学者的建议都是，去博物馆和拍卖会长见识，去画廊选作品。

### 理财小贴士 — 油画收藏规避风险五招

在众多的艺术品收藏品种中，油画是投入相对较高的一个品种，所以面对的风险也最大。那么如何才能尽量将风险降到最低呢？有专家给出了以下建议：

### 第一，要以喜爱为前提

收藏油画，一定要以真心喜欢为前提。艺术品虽然有投资潜力，但比艺术品更易懂、更易掌握的投资渠道太多了，纯粹出于投资目的，实在没有必要进来搅局。

当然，这个"喜欢"不单单是指油画这个品种，它还包括油画作品本身。也就是说，你买这幅画时，也要以喜欢这幅画为前提。那么怎样才能买到喜欢的画呢？很简单，只要记住九个字即可：挂得出、送得出、卖得出，就是挂在家中令自己赏心悦目，送给朋友能让朋友开心，出手转让能卖个好价。因为除了投资收藏，无论是居家装饰，还是朋友间礼尚往来，以及商务礼仪需要，油画都能派上用场。所以很多人买油画，当初都是为了消费，之后才会慢慢实现它的投资价值。因此，喜欢非常重要。试想，如果你买了一幅画，自己都觉得挂不出来，怎么好意思送给朋友？又怎么指望这幅画能卖个好价钱呢？

### 第二，要尽量避免购买一、二线当红画家的作品

购买一、二线当红画家的作品，有三大风险：一是此类作品的赝品相对集中；二是如果画家被炒到了一个高点，你接盘了，很容易被套牢；三是一些江郎才尽的无良画家一旦发现自己的某幅作品好卖，就会大量"复制"，使作品失去稀缺性。所以，为了避免这些风险，初涉油画收藏的人，最好从购买三、四线画家以及一些无人炒作的老一代画家的作品入手，这些画市场价位很低，升值空间却很大。

### 第三，要有一个好的买画渠道

对于初涉油画收藏者，拍卖市场是一个较好的选择，因为一些知名拍卖公司把关都比较严，赝品很难进入。但拍卖市场成本高，购入价加上佣金后往往价格较高。所以对一般投资者而言，从画廊购画是主要渠道。应选择规模较大具有较高诚信度的画廊。在购入时应要求画廊说明出售画的来源。一般组织较好的画廊都会提供附有画家本人签名的画册、照片之类的"身份证件"，许多知名画家还有公开发行的画册，少数画廊还承诺无

理由无损坏退换服务，像这种投资就要保险很多。

### 第四，要从"小"入手，慎对大画

油画市场纷繁复杂，对于刚开始的收藏者来说就必须找到合适的切入点。总体来说，钱少有钱少的做法，钱多有钱多的切入模式，关键是要循序渐进，作品由小而大，价位由低而高，千万不可以有蛇吞象的想法，一出手就要买到惊天动地的大作品。

另外，油画市场作品虽然有一个"每平方尺参考价"，但买画不是买布，绝非布大就值钱。比如颜文梁、刘海粟、周碧初、常玉、陈抱一这些大家，就鲜有一米见方以上的作品。而现今许多青年画家的作品却越画越大，一出手就是一米见方以上，许多甚至达到2×3米以上，不但内容非常空洞，还不容易收藏和保存，所以并不是理想的投资对象。

### 第五，要控制好投资的预算

从长远来看，油画作为一项艺术品的投资，会成为你家庭资产的一个重要组成部分，所以在开始收藏时，一定要控制好投资的预算。收藏油画绝对不可以挪用养家活命的钱来玩，必须是闲钱或是半闲钱，否则你会熬不住，熬不住就会逢低抛出，枉费收藏的心血。

# 海岩,收藏黄花梨家具成痴

　　说起海岩，大家可能会立刻想起《便衣警察》、《一场风花雪月的事》、《玉观音》等经典影视剧，殊不知，这个在文化界、影视界呼风唤雨的大腕，在收藏界同样是一个响当当的人物。因为他不仅收藏了上百件精美的黄花梨家具，还耗费多年时间在北京城郊筹备了一座黄花梨私人博物馆。光就这份魄力，足以让他承担起"收藏家"的美名。

　　谈到黄花梨的收藏经历，海岩说这还要感谢好友马未都——十几年前，他想在自家的西式客厅里摆上一两件中式家具，于是在好友马未都的怂恿下，花20万元购置了第一件黄花梨家具——明式黄花梨独板平头案。这件家具四条腿，上面一块板，非常简约，连束腰、线条都没有。但是黄花梨那种不温不燥、不卑不亢、不寡不喧的独特风格，却让骨子里充满文人情怀的海岩产生了共鸣，并从此一发而不可收拾。

　　"开始我不太理解张伯驹，为了一幅画就把自己的宅子卖了，他老婆不给他钱，还躺在地上不起来，我觉得这就是一个故事。"但是，迷上黄花梨以后，海岩俨然成了另一个张伯驹——虽然有中国收入最高作家之称，并身兼酒店高管之职，却也总是被缺钱困扰。在一次采访中，海岩笑言，他下身穿的那条卡其色裤子是他现在最好的一条裤子，但裤边已经磨损；现在穿的鞋子，也是又开又粘，补过很多次；去饭馆吃一顿饭都要算来算去，想着怎么省钱买黄花梨家具。可即便如此，海岩还是沉浸在黄花梨的世界里，乐此不疲。

"曾经有一个清早期的炕桌，在保利，起拍价 30 万元，在当时那件东西值六七十万元，我开了一个 40 万元。当时是在我们亚洲大酒店，一个经理告诉我，给您拍下来了，我很高兴……第二天，我遇到一位电视剧投资商，也是个大藏家。他跟我说，保利有个炕桌不错，你拍了吗？我问他，你拍了吗？他说，我拍了，可是拍到一半时，忽然来了个电话，等挂完电话，拍卖师已经落槌了……"回忆起这次拍卖经历，海岩很是得意。

当然，搞收藏是个复杂的事情，并非每件藏品都这么容易到手。海岩坦言，很多时候为了将自己中意的藏品弄到手，他不得不低下自己高傲的头颅，跟人"耍耍赖"，或"软磨硬泡"一番。比如，遇上别的藏家不愿意转让的，他就给人家发信息，或找他周围的人去唠叨，说自己很喜欢，能不能转让；遇上喜欢的家具又拿不出钱的，就先交点定金，过很长时间才能付剩下的钱；实在缺钱的时候，他还拿东西跟别人交换过，他会拿十件家具组合在一起换别人一件家具。

十余年的收藏经历，让海岩汇集了一屋子总计三四百件黄花梨家具，椅凳类、桌案类、床榻类、柜架类、杂项等一应俱全。黄花梨的价格也从他刚入行的 100 块钱 1 市斤，暴涨到现在的 1 万～2 万块钱 1 市斤。不过，海岩并不赞同人们现在"入市"，"收藏一定要量入为出，2011 年嘉德秋拍会上，一件明代的黄花梨交椅，6200 万，太贵了。如果你现在收，不如进我的博物馆参观了。"

## 海岩收藏心得之一：海南黄花梨收藏价值更高

关注过黄花梨的人都知道，黄花梨根据产地的不同，主要分为海南黄花梨和越南黄花梨两种。那么二者的价值是否相同呢？海岩告诉我们，虽然海南黄花梨和越南黄花梨属于同一树种，但前者的收藏价值要高出许多："海南黄带有药材的降香味，颜色过渡自然，而越南黄气味比较刺鼻，深浅色彩比较明晰。而且购买时最好找专业人士陪同，遇到差价较大的家具，千万不要贪图便宜。"

海岩说，时下以花梨、白酸枝冒充黄花梨，以海南黄的价格出售越南黄等现象非常普遍，所以学会选择真正的海南黄花梨木家具很重要。他认为，对于初学者而言，学习的方法是多看经典明清家具珍品，即便不买，也可以去一些专业的古典家具店浏览，因为很正规的黄花梨木家具店，都会对家具是拼接还是整材有客观真实的说明。这样看多了，目光自然会变"毒"，同时再补充大量黄花梨木家具的知识做辅助，即可有所辨识。

## 理财师点评

海南黄花梨是黄花梨中的极品和绝品，在业内有"疯狂的木头"之称。近些年来，虽然越南黄花梨的价格也翻了几百倍，但它与海南黄花梨的价格差距仍然巨大，同一款式的"越黄"与"海黄"家具，价差最高时接近1：10。一般来说，二者除了海岩所说的气味上的差别，还可以从颜色和花纹两方面进行分辨。

先说颜色。海南黄花梨的颜色要比越南黄花梨的颜色稍显沉稳，整体颜色偏于暗红色，而越南黄花梨的颜色却要活跃得多，整体颜色偏于亮橙色。海南黄花梨之所以在明代受到文人雅士的挚爱，那就是因为海南黄花梨的颜色以及花纹符合他们的审美观，具体说，就是一个字："雅"。它既不喧闹也不会过分沉寂，灵动中透着稳重，高雅中透着轻盈。因此，只要多看看海南黄花梨的各种颜色，再多看看越南黄花梨的各种颜色，基本上就可以区分个七八成了。

再说花纹。海南黄花梨的花纹也是组成其"雅"的一部分，纹理虽无规律可言，但却绝不凌乱，墨线黑纯且清晰，反差较小，花纹行云流水给人一种流动的美感；而越南黄花梨花纹则相对多了些粗犷，墨线黑晕稍

多，山水纹比较常见，反差相对较大，给人一种鲜艳亮丽的感觉。

当然，比较它们，最好的办法就是多看、多闻、多上手，没有一定的经验积累，想要通过有限的区别去准确区分它们是很难的。

## 海岩收藏心得之二：上好的黄花梨家具没有一颗铁钉

海岩认为，除了材质和品相，工艺程度的高低，也会决定一件黄花梨家具的档次和价值，所以也是不可忽视的。

一般来说，传统家具在工艺方面涉及的东西较多，比如开料、木工、雕饰、打磨、烫蜡等等。以木工中的榫卯结构举例，传统家具所有木料的衔接完全是木与木之间的嵌合与制衡，依靠人的智慧与科学的结构搭建而成。所以一件上好的黄花梨木家具，应该是没有一颗铁钉，坚固耐用并可流传几个世代的。如果有铁钉，那它的价值就要大打折扣。

再例如打磨，家具制作完成后，需要手工用砂纸甚至用挫草细细打磨很多遍，直到木材出现光泽度。所以，那些木纹肌理完全绽放，用手触摸后，有婴儿皮肤般细腻质感的家具，才算上品。

### 理财师点评

所谓"榫卯"，是指在两个木构件上所采用的一种凹凸结合的连接方式。凸出部分叫榫（或榫头）；凹进部分叫卯（或榫眼、榫槽），它们在每件家具上都具有形体构造的"关节"作用。若榫卯使用得当，两块木结构之间就能严密扣合，达到天衣无缝的程度。

黄花梨由于材料珍贵，强度大，所以在制造时，往往就如玉器的雕琢一样需要精雕细刻，木榫结构绝不可以有铁钉。因此，从某种程度上，有没有铁钉，不仅决定着黄花梨家具的价值，还往往是判断黄花梨真假的一个标准。

## 海岩收藏心得之三：黄花梨家具"老"不敌"新"

2010 年秋天，正是家具市场价格起来的时候。嘉德首次推出的家具专拍，连连创出纪录，很多比较新的黄花梨家具拍出的价格比老的还高，这让当时的很多家具行家都感到不平，认为家具市场颠倒。

但新、老家具都有收藏的海岩却非常明白其中原委。他说，当一个东西材质稀缺，几乎没有了市场供应，就不分新老了。现在，老家具每年还有一定的交易量和流通，但新的根本就找不到料，于是新家具只要有一件出现在市场，就飙高了价，而且很好计算它的价格。现在黄花梨大料、长料 2000 万~3000 万元一吨，一吨料做 15 把圈椅，不算工，光料钱每把已经是二三百万元了。还有就是，新的可以成套地做，仿最经典的款型，更符合人的审美。所以，除非这个老家具是有著录的，且款型经典、修配不大，否则新的一般都比老的贵。

### 理财师点评

黄花梨家具不同于瓷器，只要保存完好就越旧越有价值。因为黄花梨家具是有生命的有机体，随着时间的流逝，它受到的氧化程度会越来越严重，这还不要说在使用过程中受到的磨损和历史变迁的不确定因素的影响，所以，能完好保留下来的古家具实在是凤毛麟角，这是其一；其二，黄花梨木成材非常慢，至少需要 500 年以上才能长成做家具的原木，而黄花梨家具生产从明朝开始，到了嘉庆以后由于木材急剧减少及至濒临灭绝，就几乎不再生产了，所以黄花梨的价值主要在于资源的稀缺性。相比之下，新做的黄花梨家具除了文物价值无法具有外，工艺价值、艺术价值和稀缺价值并不比一般的老家具差，因此，在做黄花梨家具投资和收藏时，应该多看品相和工艺，不能厚"古"薄"今"。

## 理财小贴士 黄花梨家具常见的几种造假方式

随着黄花梨木的日益减少，目前，不管是海南黄花梨还是越南黄花梨，均是十分珍稀的自然资源，都极为珍贵。但正是这种珍贵性和木材自身的特征，为很多不良厂商提供了造假的良机。常见的造假方式主要包括以下几种：

### 一是直接造假

如用黄色的酸枝木、花梨木及其他硬木直接冒充黄花梨，但这种家具一般标价都很低。只要不贪图便宜，一般不会上当。

### 二是用料掺假

即在显眼的地方用海南黄花梨，其他不显眼的地方用越南黄花梨。以圆角柜为例，就是正面用海南黄花梨，侧面、背板或隔板、后立柱均用越南黄花梨，标签上却标为海南黄花梨。对于此类家具的分辨，只能依靠经验细查细看。

### 三是标签作假

整体家具为越南黄花梨，而标签上标为海南黄花梨或黄花梨，有的标为香枝木。《红木》标准中将海南黄花梨（即降香黄檀）归入香枝木类。何谓香枝木？广东人称有香味的酸枝木为香枝木。《红木》标准中没有越南黄花梨的树种，但有关木材检测机构常将越南黄花梨检测为香枝木，归为豆科黄檀属，至于列为何种树种则没有结果。这也就意味着，用越南黄花梨做家具，标香枝木或混称黄花梨，收藏家打官司也很难胜诉。

### 四是"贴皮"

即表面用0.2毫米厚的海南黄花梨粘贴在酸枝木或其他比重相当于黄

花梨的木材上，正反两面颜色、纹理完全对应一致。这是北京市场上近2
~3年出现的一种最为恶劣的造假方法，很难被收藏家察觉。

不过，北方地区冬天干燥，空气湿度小，很容易使南方产的此类造假
家具开裂。所以，对于发生开裂的家具，须用放大镜观察缝隙处，只要发
现木材内部与家具表面颜色不一致，就应请专家或专业检测机构检测。

### 五是做旧

做旧本身不能说是造假，但如果将做旧后的家具冒充明朝、清朝的古
董就是造假了；另外，将越南黄花梨所做家具做旧后，冒充海南黄花梨家
具，也是造假；将近似于海南黄花梨颜色、纹理的木材，如黄色的酸枝木
或花梨木做成家具后再做旧，更是造假。做旧的方法很多，如用硫酸烧，
再在石灰水池中过一遍，或用双氧水及其他中草药和化学药剂使木材变
色、变旧，等等。高明的做旧几乎可以乱真，使顶尖级的明清家具专家都
看走眼，所以普通人看不出一点都不奇怪。

# 张信哲，织绣是藏品中的最爱

　　明星中热爱收藏的人不少，但是能够举办个人收藏专场拍卖的，张信哲绝对是第一人。2011 年春，张信哲在北京永乐举办的清代服袍拍卖专场，不但让国人见识了织绣的妩媚，更让人们对这一"冷门"收藏有了新的认知。

　　说起收藏，张信哲可算得上是个杂家，从信手拈来的明信片，到价值不菲的北齐汉白玉菩萨，从被人丢弃的旧家具、老照片，到四处淘来的青铜器、石雕、唐卡，可谓应有尽有。但是，对于张信哲而言，这些东西再好，也不敌他对织绣的钟爱。

　　那么，张信哲为何会如此钟情于织绣呢？"因为从小学习音乐、绘画的关系，我一直都非常喜欢美的东西，而且我也非常喜欢收藏与生活相关的艺术品。"张信哲曾在采访中如是说，"不过，最初爱上织绣还受到我外曾祖母的影响。"

　　张信哲说，在他儿时的记忆里，出生于 1890 年的外曾祖母的形象是固定不变的：总是一身斜襟黑袍、黑裤，灰白稀疏的头发永远整齐地盘住黑色的勒眉。因为缠了小脚，只能坐在老宅门口的藤椅上看着孩子们嬉闹。"外曾祖母过世后，外婆烧她用过的东西，包括穿的、用的家具。我妈知道我喜欢老东西，就赶快抢回一些来给我。其中有些丝织品，服饰颜色都很漂亮，和我印象里外曾祖母常穿的衣服颜色完全不同。"

外曾祖母的这些衣服，对张信哲来说有无法想象的吸引力，"自己突然明白了以后的收藏方向"。于是，张信哲开始在台湾的古董店搜寻。由于丝织品保存不易，专门经营的古董店很少，所以张信哲只能靠运气，偶尔碰到就买下。

"我真正开始系统收藏织绣还是在工作之后，因为那时候才有钱去买啦。"张信哲说。有了一定的收入，他的收藏系统也慢慢扩大，从早期单纯的闽南风格到全国各地各民族的风格，从民间织绣品到宫廷织绣品，都网罗其中。

不过，织绣收藏并没有想象中的那么简单，因为它不仅需要不断地学习相关的历史和知识来增加"眼力"，而且织绣品的保存也很困难。张信哲就曾有过这样一次惨痛的经历：那大概是在十多年前，张信哲在欧洲一个拍卖会上拍下了一双织绣鞋子，"那是西藏的喇嘛在跳神舞时穿的鞋子，底是用很厚的草来纳的，十分特别。"但是，由于运输过程中封存不当，鞋子被寄回到台北时，里面全是白色小虫，鞋面的织绣部分和鞋底全被咬伤。

有了这次经历，张信哲对于织绣的收藏变得格外小心。他为了保存好这些衣物，都是去买老的樟木衣箱，然后将衣服平铺在箱内，尽可能不折叠。此外，他还将家中的好些房间都腾空，专门用来放置这些丝织品。

张信哲说，这些织绣类的物品都很娇嫩，空气太干会脆，太湿会烂；也不能晒太阳，因为传统的定色技术没有那么好，又都是植物、矿物染料，一晒太阳就会褪色或发黄。"有时看到别人把龙袍裱起来挂在客厅里，我就会觉得这衣服太惨了。我们现在用的灯光都不可以，卤素灯其实很伤布料的。它即便是裱起来、里面密封也不可以，不到两年就会褪色殆尽。"

俗话说，有付出就有回报。这句话用在张信哲身上同样恰当。虽然他收藏织绣纯粹是爱好使然，在上面付出大量心血也是心甘情愿，但随着藏品的不断升值，张信哲也获得了不小的收益。以他收藏的慈禧太后龙袍为例，当初他是以约31万元人民币的低价买回家的，到了2012年，它的市

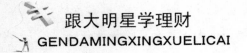

场价已经飙到了 126 万元人民币。

## 张信哲收藏心得之一：
## 收藏前要清楚那个时代的审美和风格

所谓织绣，是指用棉、麻、丝、毛等纺织材料进行织造、编结或绣制的工艺。具体来说，织就是通过经纬线的各种交织变化而成的丝棉织物，通常所说的绫罗绸缎就是各种不同的丝织物，其中以缂丝最珍贵，素有"织中圣品"和"一寸缂丝一寸金"的美誉。绣就是刺绣，俗称"绣花"，是在织物上的一种再创作。即按设计要求，以针引线，凭借一根细小钢针的上下穿刺运动，构成各种优美图像、花纹或文字，是我国优秀的民族传统工艺之一。

就目前来看，织绣收藏尚未成型，但由于织绣品难于保存，而且中国古代精湛的手工艺很多已经失传，因此，织绣品收藏的投资前景非常不错。那么，当把织绣收藏作为一个投资项目时，有没有什么学问在里面呢？经验丰富的张信哲有自己的看法，他说："每一个时代都有自己独特的审美观念和时代风格，我觉得收集东西首先一定要非常清楚这一点，你才能选择到那个时代最具代表性、最典型的东西。"

"可能国外在这一点上做得比较好，他们每个时代都有非常清楚的定位，收藏者比较容易找到清楚的时代和风格定位，找到审美很清楚的东西。这在中国可能并不那么明确，只有少数时代才会比较清晰，比如乾隆时期。所以，这就需要我们自己多学习、多认知，才能找到审美清晰的东西。"张信哲补充道。

## 理财师点评

织绣收藏，正如张信哲所言，一定要先了解那个时期的审美和风格，比如在色彩的使用上，清前期颜色深、暗、沉重，接近明代；乾隆时期流行玫瑰紫、绛色；嘉庆时流行茶褐色、浅灰色和棕色；咸丰同治年间流行蓝色、驼色、油绿和米色等；光绪宣统时，则用宝蓝、天青、库灰色等。再比如，在袍衫的款式上，清初尚长，顺治末减短至膝，不久又加长至脚踝。在清中后期又流行宽松式；清晚期受西方文化的影响，中式袍衫的款式又变紧身起来。

如果细化到具体某人的袍服，还要了解主人偏好的着装特色。例如，清道光年间，帝皇的服饰偏好以秋香色、红色、石青色铺底，服袍上绘制8朵团花。团花于胸前有3朵，于背后有3朵，于两肩各1朵。而慈禧太后喜爱的纹饰以兰花、玉兰、藤萝、葡萄、蝴蝶为主。之所以选取蝴蝶，因这二字音似耄耋，寓意长寿；而选兰花，一种说法是慈禧乳名为兰儿，另一种说法是咸丰皇帝喜爱兰花，且慈禧早年被册封为兰妃，所以兰花才会在慈禧当政时出现在瓷器、织绣、颐和园彩绘等宫廷重要装饰题材之中，成为时代风尚的标准。如果不了解这些，你是很难选择到那个时代最具代表性、最典型的东西的。

## 张信哲收藏心得之二：织绣品中生活类的女装更值得收藏

我国的织绣因年代、产地、制作工艺、产品品种等特色形成了名目繁多，品类丰富的藏品系列，已逐渐显现出较高的收藏与投资价值。因此，收藏织绣品，要注意选择对象，如果什么都收，则多不胜收。

对此，张信哲也有自己的一套标准，那就是喜欢功能性清楚的服饰。而在众多的服饰种类中，他又对生活类型的女式服装格外偏爱。他说：

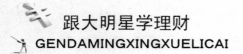
"龙袍一类的官家服饰，变化不大，尤其是在那个时代，所有的东西都有约定俗成的规矩。但是生活类的女装，因为没有太多的限制，你能看到很多自由发挥的部分，女性的爱美之心从这些服饰中体现得淋漓尽致。"

## 理财师点评

一般来说，龙袍、吉服袍、吉服褂是宫廷重大节庆时达官显贵穿着的服装，平日里多半束之高阁，在款式、颜色、纹样等方面，的确不如生活类的女装种类繁多。但抛开个人兴趣，单就收藏投资而言，选择织绣还是应该以精品策略为主，要明白以下几点：

一、年代愈早、品相愈好的织绣品价值愈高。作为收藏的永恒指标，年代久远是一件藏品价值的永恒指标，背后支持的是历史和文化价值。而对于织绣来说，由于易褪色、损坏且难以修复，时间越长保存难度越大，所以年代久远又品相完好的织绣品很少见到，十分珍稀。

二、成品的价值要高于匹料，缂丝为织绣品中特别受青睐之物，服装中袍服胜于裙袄，龙袍等宫廷之物和官服又胜于民间服装。装饰品中补子最受欢迎，配携品中又以香袋、荷包最惹人喜爱。

三、物以稀为贵。如明清武官补子中品级低的海马、犀牛，由于稀少，就贵于狮、虎。缂丝少于刺绣，故缂丝身价远高于刺绣。此外，名家如宋代的缂丝高手朱克柔、沈子蕃、吴熙等的作品，由于技艺精湛，存世稀少，也弥足珍贵。

四、有鲜明地域特色的绣品潜力大。有些古绣品具有鲜明的地方特色和很好的承载文化指向。这样的物品具有独特魅力，市场潜力也较大。

## 提高织绣鉴赏能力三法

中国古代织绣品的收藏，首先要从鉴赏入手。这里所谓的鉴赏，一是判断其文物价值和艺术价值，依赖的是眼光、史学和审美；二是对其市场价格的估算，靠的是经验和信息。因此，努力提高自己对织绣品的鉴赏能力，是每个收藏者必做的功课之一。而要提高对织绣的鉴赏能力，又应从以下几点入手：

### 第一，多参观博物馆

国内外的很多博物馆都以收藏中国织绣著称。如北京故宫博物院的明清织绣，辽宁省博物馆的宋元明书画缂绣，新疆维吾尔族自治区博物馆的汉唐织物，湖北荆州地区博物馆的战国锦绣，湖南省博物馆的西汉织物和服装，福建省博物馆的南宋丝绸和服装都非常有特色。杭州的中国丝绸博物馆、苏州的苏州丝绸博物馆和刺绣博物馆、南通的南通纺织博物馆以及南京的中国织锦陈列馆，则是织绣方面的专业博物馆。此外，伦敦的维多利亚和阿尔伯特博物馆收藏的中国古代织绣服饰堪称一流，多伦多的安大略皇家博物馆的中国近代织绣服饰藏品数量也很多。博物馆所藏大多为精品、真品，赝品的可能性极少，多看自然能提高眼力。

### 第二，多查阅文献典籍

不读书的人始终成不了收藏家，至多只能做一个藉此营利的商贾。所以，对于想做织绣收藏的人来说，实物实践固然重要，文献典籍的查阅也必不可少。如沈从文先生的《中国古代服饰研究》和《龙凤艺术》，朱启钤的《丝绣笔记》、《刺绣书画录》、《女红传征略》、《清内府藏刻丝书画录》，锡保的《中国古代服饰史》，陈维稷主编的《中国纺织科学史》（古

代部分），赵丰的《丝绸艺术史》，缪良云的《中国历代丝绸纹样》，王亚蓉的《中国民间刺绣》等各有优点，有的图片精美，有的论证详尽，有的叙述清晰，都可以看一看。如果是古文好的人，还可以读一点古代文献，如元代费著撰写的《蜀锦谱》，清代陈丁佩的《绣谱》，都是不错的选择。除此之外，苏富比和佳士得的拍卖图录也颇有参考价值，因为他们经常拍卖中国的珍贵织绣文物。

## 第三，多跑工艺品市场

相对而言，民间收藏织绣品的人较少，懂织绣的行家里手更少。所以，工艺品市场与拍卖行或文物商店大不相同。多跑工艺品市场，可以熟悉民间的织绣品行情。但工艺品市场赝品多，所以下手买时一定要谨慎。

本书资料来源：《羊城晚报》、《信息时报》、《投资与理财》、《国际金融报》、《私人理财》、《半岛都市报》、《上海金融报》、《钱经》、《华商报》、《经济日报》、《河南商报》、《理财周刊》、《广州日报》、《投资者报》、《沈阳晚报》、《南国今报》、《华西都市报》、《证券日报》、《重庆商报》、《金陵晚报》、《华夏时报》、《都市快报》、《扬子晚报》、《海峡时报》、《姑苏晚报》、《女士》、《北京商报》、《大众理财顾问》、《南方日报》、《新快报》、《重庆晨报》、《收藏界》、《深圳商报》、《第一财经日报》、《三湘都市报》、《辽沈晚报》、《新晚报》、《华夏时报》、《金鹰报》、《辽宁日报》、《投资有道》、《时尚芭莎》、《华商报》、《东方早报》、《文化周刊》、《新京报》、《现代消费导报》、《成都日报》、《理财周刊》、《京华时报》、《三联生活周刊》、《中国经济周刊》、《投资时报》、《西安日报》、《法制晚报》、网易娱乐、中国新闻网、卓越理财、凤凰网、环球网、银率网、腾讯娱乐、YOKA时尚网、北京美食频道、玩家旅游、新浪娱乐、新华网、东方娱乐新华社、和讯网、网易财经、基金网、天下商机、财富资讯、搜狐资讯、中国经济网、国际在线时尚综合、人民网、东方财富网、第一理财网、环球网、搜狐焦点海外、PClady、吃四方、酒吧网、卓越理财、贵阳新闻网、奢侈品中国、博宝艺术网、东北网、天山网、艺术中国、腾讯财经、盛世收藏、大河收藏